机械类"3+4"贯通培养规划教材

机 械 原 理

江京亮 杨 勇 主编

青岛理工大学机械设计基础教研室 编

科学出版社

北 京

内 容 简 介

　　本书为机械类"3+4"贯通培养规划教材,根据教育部有关机械原理课程教学的基本要求编写而成。本书共有 12 章,分别为绪论、机构的结构分析、平面机构的运动分析、平面机构的力分析、机械的效率和自锁、机械的平衡、机械的运转及其速度波动的调节、连杆机构及其设计、凸轮机构及其设计、齿轮机构及其设计、齿轮系及其设计和其他常用机构。

　　本书可作为普通高等院校机械类专业学生的教材,也可供有关工程技术人员参考。

图书在版编目(CIP)数据

机械原理 / 江京亮,杨勇主编. —北京:科学出版社,2020.6
(机械类"3+4"贯通培养规划教材)
ISBN 978-7-03-064814-3

Ⅰ. ①机… Ⅱ. ①江… ②杨… Ⅲ. ①机械原理－高等学校－教材
Ⅳ. ①TH111

中国版本图书馆 CIP 数据核字(2020)第 059285 号

责任编辑:邓　静　张丽花　陈　琼 / 责任校对:王　瑞
责任印制:张　伟 / 封面设计:迷底书装

科学出版社 出版
北京东黄城根北街 16 号
邮政编码:100717
http://www.sciencep.com
北京建宏印刷有限公司 印刷
科学出版社发行　各地新华书店经销
*
2020 年 6 月第 一 版　　开本:787×1092　1/16
2020 年 6 月第一次印刷　　印张:10 1/2
字数:269 000
定价:**59.00** 元
(如有印装质量问题,我社负责调换)

机械类 "3+4" 贯通培养规划教材

编 委 会

主　任：李长河

副主任：赵玉刚　刘贵杰　许崇海　曹树坤

　　　　韩加增　韩宝坤　郭建章

委　员（按姓名拼音排序）：

　　　　安美莉　陈成军　崔金磊　高婷婷

　　　　贾东洲　江京亮　栗心明　刘晓玲

　　　　彭子龙　滕美茹　王　进　王海涛

　　　　王廷和　王玉玲　闫正花　杨　勇

　　　　杨发展　杨建军　杨月英　张翠香

　　　　张效伟

前　　言

本书是根据教育部高等学校机械基础课程教学指导委员会对机械原理课程教学的基本要求，为加强技术基础理论课的教学，结合机械原理课程在培养高素质人才及经济建设中的重要作用，为培养普通应用型大学机械类专业学生的综合设计能力和创新能力，按照《国家中长期教育改革与发展规划纲要(2010—2020 年)》中的高等院校加强课程教学改革和教材建设的精神而编写的。

作为机械工程学科的教材，不能只是传授基本理论和知识，应该是既强调理论，又重视实践，培养学生解决实际问题的能力和创新能力。本书结构编排合理、知识体系清晰，强调对机械原理基本概念、基本理论和基本分析设计方法的理解和掌握，力求将理论与实际有机结合在一起，在内容的阐述中，注重与工程背景相结合，着重培养学生的创新意识和工程实践能力。

本书按照机构分析、机构设计、机构动力学设计的内容编写，注重先进性与实用性相结合，形成了完整的机械原理课程体系，有利于提高学生的理论水平、设计计算能力和实际应用能力等。

本书语言精练、内容紧凑、信息量大、知识面宽，可作为普通高等院校机械类专业学生的教材，也可供相关专业的工程技术人员参考使用。

在本书编写过程中参阅了一些同类论著，在此特向其作者表示衷心的感谢，同时也向对本书出版给予了大力支持的老师及编辑表示由衷的谢意！

由于编者水平有限，书中若存有疏漏之处，恳请广大读者批评指正，我们将不断修改完善。

青岛理工大学机械设计基础教研室

2019 年 11 月

目 录

第 1 章 绪 论

1. 本书研究的对象及内容

机械原理是研究机械普遍存在的共性规律的一门课程。机械原理研究的对象是机械，机械包含机器和机构的概念。机器是具有确定运动的组合体，用来转换能量、改变运动、传递物料和信息。机器的种类很多，根据不同用途，机器可分为动力机器(如电动机、内燃机、发电机、蒸汽机等)、运输机器(如汽车、拖拉机、起重机、输送机等)、加工机器(如金属切削机床、纺织机、包装机、缝纫机等)和信息机器(如计算机、机械积分仪、记账机等)。机构是传递运动和动力的组合体。常见的机构有齿轮机构、连杆机构、带传动、链传动、凸轮机构、螺旋机构等。各种机构都是用来传递与变换运动和力的可动装置。

例如，图 1.1 所示的内燃机包含由气缸、活塞、连杆和曲轴组成的连杆机构，齿轮机构，以及由凸轮轴和阀门推杆组成的凸轮机构。各构件之间的运动是确定的，机构简图如图 1.2 所示。内燃机的功能是将热能转换成机械能。因此可以说，机器是一种可用来变换或传递能量、物料与信息的机构的组合。

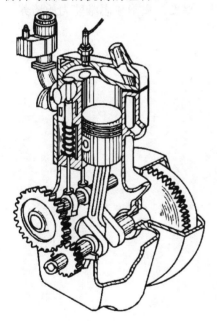

图 1.1 内燃机

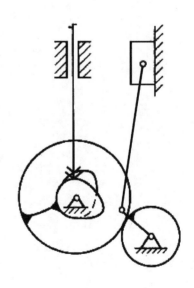

图 1.2 内燃机机构简图

机械产品的设计过程分为方案设计、结构设计和零件设计 3 个阶段。其中方案设计是运用机械原理的知识来完成的。因此，学习本课程的目的：一是掌握机构组成和运动的基本理论；二是掌握常用机构的基本知识。

1)机构的组成和分析

机构的组成和分析包括以下内容：结构分析，研究机构的组成，确定机构的级别；运动分析，研究机构各点的运动轨迹和运动规律；力分析，研究机构运动副反力和机械平衡力的计算方法；机构真实运动规律分析，在已知力作用下分析真实的运动规律；机器的效率分析，研究机构和机组的效率计算方法，分析影响规律。

2) 常用机构及设计

学习连杆机构、齿轮机构、凸轮机构及轮系的基本原理、特点、用途和设计方法。

2. 机械原理课程的学习方法

机械原理是一门与工程实际密切相关的课程，因此，在学习本课程的过程中，要注重理论联系实际，注意观察、分析和比较，达到举一反三的目的。

1) 加强能力的培养

应注意每章学习内容的重点和难点，着重掌握分析和解决问题的基本思路与方法，注重能力的培养。

2) 将所学知识用于工程实际，举一反三

机械原理是一门与工程密切相关的课程，与本课程密切相关的实验、课程设计、创新大赛和课外科技活动将提供大量的理论联系实际和学以致用的机会。此外，现实生活中有各种各样的奇思妙想和新颖的机构，要注重观察、分析和比较。

3) 加强思维能力的培养

技术基础课学习的方法与基础课不同，更加贴近工程实际，所学知识用于解决工程实际问题、进行创造性设计，因此在发展逻辑思维的同时，更要注重形象思维能力的培养。

第 2 章 机构的结构分析

本章主要介绍机构的相关概念、机构运动简图、机构具有确定运动的条件、平面机构自由度、平面机构的组成结构。

2.1 机构的相关概念

2.1.1 构件

从加工制造的角度看，零件是加工制造的最小单元。图 2.1 所示的连杆结构就是由单独加工的连杆头 1 和 3、连杆体 2、轴套 4、轴瓦 5、螺杆 6、螺母 7 等零件装配而成的。而从运动的观点来看，任何机器都是由若干个独立运动的单元体构件组成的。构件和零件的关系是：构件是由一个或若干个刚性连接后能够独立运动的零件构成的，如内燃机中的齿轮、凸轮和经过若干个零件刚性连接组装而成的连杆等都属于构件。因此，只要作为一个整体进行运动而没有相对运动，不管由多少个零件组成的一个运动单元都称为构件。构件是固定连接在一起的零件组合体。

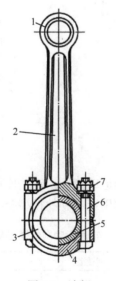

图 2.1　连杆

2.1.2 运动副

1. 运动副的概念

为了使机构具有确定的相对运动，必须使组成机构的各构件间以一定相对运动的方式连接起来。很显然这种连接不同于焊接、铆接等刚性连接，它是使两构件直接接触的同时又使其产生一定相对运动的连接形式。将这种两构件直接接触形成的可动连接称为运动副。其中

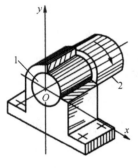

图 2.2　转动副

"两构件""直接接触""可动连接"是构成运动副不可缺少的 3 个条件。把构件上参与接触的点、线、面称为运动副元素。

例如,轴 1 与轴承 2 的配合(图 2.2)、导轨 1 与滑块 2 的接触(图 2.3)、两齿轮轮齿的啮合(图 2.4)等就都构成了运动副。它们的运动副元素分别为圆柱面和圆孔面、棱槽面和棱柱面及齿廓曲面。可见,运动副也是组成机构的基本要素。组成运动副后,两构件产生何种形式的相对运动则取决于运动副的性质,以及该运动副所引入的限制条件。

2. 运动副的分类

运动副的分类方式如下。

(1)运动副按照运动副所引入的约束数目分。两构件构成运动副后所受的约束度最少为 1,最多为 5。运动副常根据其约束度进行分类:约束度为 1 的运动副称为 I 级副,约束度为 2 的运动副称为 II 级副,以此类推。

(2)运动副还常根据构成运动副的两构件的接触情况进行分类。两构件通过单一点或线接触而构成的运动副统称为高副,如图 2.4 所示的运动副。两构件通过面接触而构成的运动副统称为低副,如图 2.2 和图 2.3 所示的运动副。

(3)根据构成运动副的两构件之间的相对运动是平面运动还是空间运动,还可以把运动副分为平面运动副和空间运动副两大类。

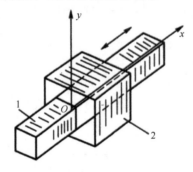

图 2.3　移动副

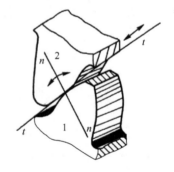

图 2.4　高副

为了便于表示运动副和绘制机构运动简图,运动副常常用简单的图形符号来表示(见国家标准 GB/T 4460—2013)。表 2.1 为常用运动副的模型及符号。

表 2.1　常用运动副的模型及符号

运动副名称及代号		运动副模型	运动副级别	平面表示符号
平面运动副	转动副		V 级副	

续表

运动副名称及代号		运动副模型	运动副级别	平面表示符号
平面运动副	移动副		Ⅴ级副	
	平面高副		Ⅳ级副	
	槽销副		Ⅳ级副	
	复合铰链		2－Ⅴ级副	
空间运动副	点高副		Ⅰ级副	
	线高副		Ⅱ级副	
	平面副		Ⅲ级副	
	球面副		Ⅲ级副	

运动副名称及代号		运动副模型	运动副级别	平面表示符号
空间运动副	球销副		IV级副	
	圆柱副	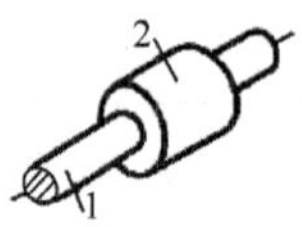	IV级副	
	螺旋副	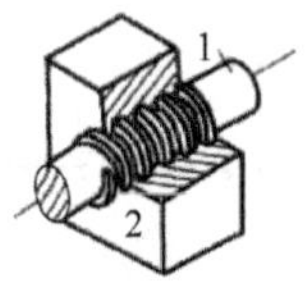	V级副	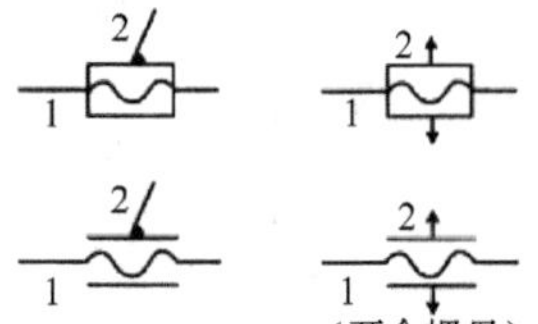 （开合螺母）
	胡克铰链	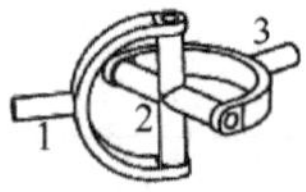	IV级副	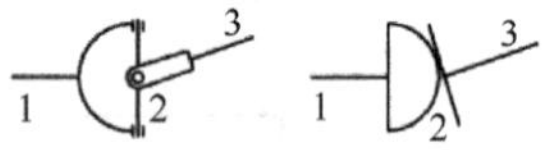

2.1.3　自由度和约束

由理论力学可知，做平面运动的一个自由构件，其运动可分解为 3 个独立运动，分别是沿 x 和 y 轴的移动，以及绕 z 轴的转动，平面运动的自由构件有 3 个自由度。构件所具有的独立运动的数目(或确定构件瞬时位置所需要的独立参变量数目)称为自由度。一个做平面运动的自由构件具有 3 个自由度，而一个做空间运动的自由构件具有 6 个自由度。

当两构件组成运动副以后，由于直接接触产生相互制约，某些独立运动受到限制，自由度随之减少。对独立运动所加的限制称为约束。约束的数目完全取决于接触情况。加上 1 个约束，构件便失去 1 个自由度；加上 2 个约束，构件就失去 2 个自由度。约束数目等于被其限制的自由度，空间运动中运动副的自由度(以 F 表示)和约束数目(以 S 表示)的关系为 $F = 6 - S$。组成运动副的两构件间约束数目及其特点完全取决于运动副的类型。

2.1.4　运动链

构件通过运动副的连接而构成的可相对运动的系统称为运动链。如果组成运动链的各构件构成了首末封闭的系统，如图 2.5(a) 和 (b) 所示，则称其为闭式运动链，或简称闭链。如果组成运动链的构件未构成首末封闭的系统，如图 2.5(c) 和 (d) 所示，则称其为开式运动链，或简称开链。在一般机械中都采用闭链，开链多用在机械手中。此外，根据运动链中各构件间的相对运动为平面运动还是空间运动，可把运动链分为平面运动链和空间运动链两类，分别如图 2.5(a) 和 (c) 及图 2.5(b) 和 (d) 所示。

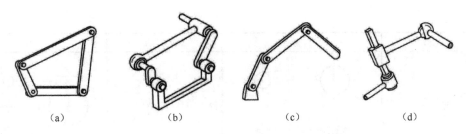

（a）　　　　　　（b）　　　　　　（c）　　　　　　（d）

图 2.5　运动链

2.1.5　机构

将运动链中的一个构件固定，并且它的一个或几个构件做给定的独立运动时，其余构件便随之做确定的运动，这样，运动链便成为机构。这里，固定的构件称为机架，做独立运动的构件称为原动件，而其余的活动构件则称为从动件。从动件的运动规律取决于原动件的运动规律和机构的组成结构。因此，机构是由机架、原动件和从动件组成的构件系统。如果机构中各构件的运动平面是相互平行的，则该机构称为平面机构，否则称为空间机构。本章主要介绍平面机构。

2.2　机构运动简图

在对现有机械进行分析或设计新机械时，都需要绘出其机构运动简图。由于机构各部分的运动是由其原动件的运动规律、该机构中各运动副的类型和机构的运动尺寸(确定各运动副相对位置的尺寸)来决定的，而与构件的外形(高副机构的运动副元素除外)、断面尺寸、组成构件的零件数目及固连方式等无关，所以只要根据机构的运动尺寸，按一定的比例尺定出各运动副的位置，就可以用运动副及常用机构运动简图符号(表 2.2)和一般构件的表示方法(表 2.3)将机构的运动传递情况表示出来。这种用以表示机构运动传递情况的简化图形称为机构运动简图。图 2.6(b)就是图 2.6(a)所示机构的机构运动简图。机构运动简图将使了解机械的组成及对机械进行运动和动力分析变得十分简便。

表 2.2　常用机构运动简图符号

机构运动	符号	机构运动	符号
在支架上的电动机		齿轮齿条传动	
带传动		圆锥齿轮传动	

机构运动	符号	机构运动	符号
链传动		圆柱蜗杆传动	
摩擦轮传动		凸轮机构	
外啮合圆柱齿轮传动		槽轮机构	外啮合　　内啮合
内啮合圆柱齿轮传动		棘轮机构	外啮合　　内啮合

表2.3　一般构件的表示方法

构件类型	表示方法
同一构件	固连杆　　固连杆块　　固连杆-凸轮　　固连凸轮-齿轮　　固连齿轮
两副构件	双转动副杆　　转-移两副杆　　双连滑块　　十字滑块　　转动-高副杆
多副构件	三副构件　　　　　　四副构件

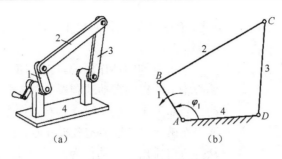

图 2.6　铰链四杆机构

如果只是为了表明机械的结构状况，也可以不按严格的比例来绘制简图，通常把这样的简图称为机构示意图。

在绘制机构运动简图时，首先把机械的实际构造和运动传递情况了解清楚。为此，需首先定出其原动件和执行构件，即直接执行运动输出的构件，然后沿着运动传递的路线了解清楚原动件的运动是如何传递到执行构件的，从而认清该机械是由多少构件组成的，各构件之间组成了何种运动副以及它们所在的相对位置，这样才能正确绘出其机构运动简图。

为了将机构运动简图表示清楚，以能简单清楚地把机械的结构及运动传递情况正确地表示出来为原则，选择机械多数构件的运动平面为视图平面，允许把机械不同部分的视图展开到同一视图平面上。

选定视图平面后，再选择适当的比例尺，根据机械的运动尺寸，定出各运动副之间的相对位置，用运动副符号、常用机构符号和构件符号将各部分画出，即可得到机构运动简图。

【例 2.1】　画出图 2.7 所示颚式破碎机的机构运动简图。

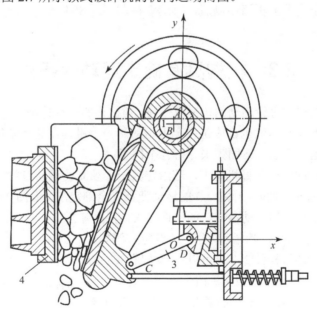

图 2.7　颚式破碎机的机构运动简图

1—偏心轮(原动件)；2—动颚板；3—动颚拉杆；4—定颚板(机架)

解： 分析机构的组成情况。颚式破碎机主要由偏心轮 1、动颚板 2、动颚拉杆 3、定颚板 4 等组成。

分析机构的动作原理。工作时，运动由偏心轮 1 输入，偏心轮 1 的转动带动动颚板 2 对定颚板 4 做周期性的往复运动。当靠近定颚板 4 时，物料在两颚板间受到挤压、劈裂、冲击而破碎；当远离定颚板 4 时，已破碎的物料靠重力作用从排料口排出。原动件为偏心轮 1，机架为定颚板 4，动颚板 2 和动颚拉杆 3 为从动件。

该机构中总的运动副数目为 4，且均为转动副，其中 A 和 D 为固定铰链，B 和 C 为活动铰链。选择视图投影面和比例尺 μ_l。测量各构件的尺寸和各运动副间的相对位置，绘制机构运动简图，在原动件 1 上用箭头标明运动方向，按运动的传递路线给各个构件依次编号。颚式破碎机机构运动简图如图 2.8 所示。

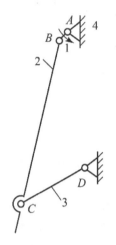

图 2.8　颚式破碎机机构运动简图

【例 2.2】 试绘制内燃机的机构运动简图。

解： 内燃机的主体机构是由气缸、活塞、连杆和曲柄所组成的曲柄滑块机构。此外，还有齿轮机构、凸轮机构等。

在燃气压力的作用下，活塞首先运动，然后通过连杆使曲轴输出回转运动；而为了控制进气和排气，由固装于曲轴上的小齿轮带动固装于凸轮轴上的大齿轮使凸轮轴回转，再由凸轮轴上的两个凸轮分别推动两个推杆，以控制进气阀和排气阀。

把内燃机的构造情况分析清楚以后，再选定视图平面和比例尺，即可绘出其机构运动简图，如图 1.2 所示。

2.3　机构具有确定运动的条件

为了按照一定的要求进行运动的传递及变换，当机构的原动件按给定的运动规律运动时，该机构的其余构件的运动一般也都应是完全确定的。一个机构在什么条件下才能实现确定的运动呢？为了说明这个问题，下面先来分析几个例子。

在图 2.6(b) 所示的铰链四杆机构中，若给定其一个独立的运动参数，如构件 1 的角位移规律 $\varphi_1(t)$，则不难看出，此时构件 2、3 的运动便都完全确定了。而图 2.9 所示的铰链五杆机构，若也只给定一个独立的运动参数，如构件 1 的角位移规律 $\varphi_1(t)$，此时构件 2、3、4 的运动并不能确定。例如，当构件 1 占有位置 AB 时，构件 2、3、4 可以占有位置 $BCDE$，也可以占有位置 $BC'D'E$ 或其他位置。但是，若再给定另一个独立的运动参数，如构件 4 的角位移规律 $\varphi_4(t)$，则不难看出，此机构各构件的运动便完全确定了。

机构具有确定运动时所必须给定的独立运动参数的数目称为机构的自由度，用 F 表示。

由于一般机构的原动件都是和机架相连的，对于这样

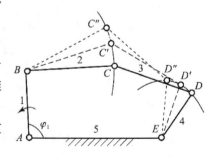

图 2.9　铰链五杆机构

的原动件，一般只能给定一个独立的运动参数。在此情况下，为了使机构具有确定的运动，机构的原动件数目应等于机构的自由度，这就是机构具有确定运动的条件。当机构不满足这一条件时，如果机构的原动件数目小于机构的自由度，机构的运动将不完全确定；如果机构的原动件数目大于机构的自由度，则将导致机构中最薄弱环节的损坏。

2.4　平面机构自由度

2.4.1　自由度的计算

　　根据机构具有确定运动的条件，欲使机构具有确定的运动，其原动件的数目应该等于该机构的自由度，那么机构的自由度又该如何计算呢？由于在平面机构中，各构件只做平面运动，所以每个自由构件具有 3 个自由度。而每个平面低副(转动副和移动副)各提供 2 个约束，每个平面高副只提供 1 个约束。设平面机构中共有 n 个活动构件(机架不是活动构件)，在各构件尚未用运动副连接时，它们共有 $3n$ 个自由度。而当各构件用运动副连接之后，设共有 p_l 个低副和 p_h 个高副，则它们将提供 $2p_l+p_h$ 个约束，故机构的自由度为

$$F = 3n - (2p_l + p_h) \tag{2.1}$$

　　【例 2.3】　试计算内燃机的自由度。

　　解： 由其机构运动简图不难看出，此机构共有 6 个活动构件(活塞，连杆，曲轴，凸轮轴，进、排气阀推杆)、7 个低副(4 个转动副和由活塞，进、排气阀推杆与缸体构成的 3 个移动副)、3 个高副(1 个齿轮高副，以及由进、排气阀推杆与凸轮构成的 2 个高副)，故机构的自由度为

$$F = 3n - (2p_l + p_h) = 3 \times 6 - (2 \times 7 + 3) = 1$$

　　在计算平面机构的自由度时，还有一些应注意的事项必须正确处理，否则会得不到正确的结果。具体包括以下几个方面。

2.4.2　复合铰链

　　在计算机构的运动副数时，必须注意机构中是否存在复合铰链。两个以上构件在同一处以转动副相连接，就构成了复合铰链。表 2.1 所示的 3 个构件组成的复合铰链实际上是 2 个转动副。由 m 个构件组成的复合铰链共有 $m-1$ 个转动副。在计算机构的自由度时，应注意机构中是否存在复合铰链。

　　【例 2.4】　试计算图 2.10 所示直线机构的自由度。

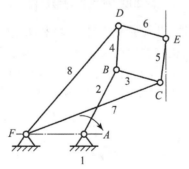

图 2.10　直线机构

解： 此机构 B、C、D、F 四处都是由 3 个构件组成的复合铰链，各具有两个转动副，故其 $n = 7$，$p_1 = 10$，$p_h = 0$，由式(2.1)得

$$F = 3n - (2p_1 + p_h) = 3 \times 7 - (2 \times 10 + 0) = 1$$

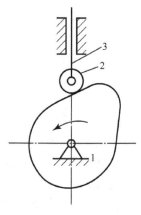

图 2.11　局部自由度

2.4.3　局部自由度

在有些机构中，某些构件所产生的局部运动并不影响其他构件的运动，则称这种局部运动的自由度为局部自由度。例如，在图 2.11 所示的滚子推杆凸轮机构中，为了减少高副元素的磨损，在推杆 3 和凸轮 1 之间装了一个滚子 2。滚子 2 绕其自身轴线的转动并不影响其他构件的运动，因而它只是一种局部自由度。在计算机构的自由度时，应从机构自由度的计算公式中将局部自由度减去。如果机构的局部自由度数目为 F'，则机构的实际自由度应为

$$F = 3n - (2p_1 + p_h) - F' \tag{2.2}$$

对于图 2.11 所示凸轮机构，其自由度为

$$F = 3 \times 3 - (2 \times 3 + 1) - 1 = 1$$

2.4.4　虚约束

在机构中，有些运动副带入的约束对机构的运动只起重复约束作用，特把这类约束称为虚约束。例如，在图 2.12 所示的平行四边形机构中，连杆 3 做平动，BC 线上各点的轨迹均为圆心在 AD 线上而半径等于 AB 的圆周。为了保证连杆运动的连续性，如图 2.12 所示，在机构中增加了一个与构件 AB 平行且等长的构件 5 和两个转动副 E、F 且满足 $BE = AF$，显然这对该机构的运动并不产生任何影响。但此时如果按式(2.2)计算机构的自由度，则变为

$$F = 3n - (2p_1 + p_h) - F' = 3 \times 4 - (2 \times 6 + 0) - 0 = 0$$

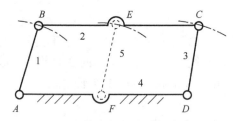

图 2.12　平行四边形机构

这是因为增加一个活动构件(引入了 3 个自由度)和两个转动副(引入了 4 个约束)等于多引入了一个约束，而这个约束对机构的运动只起重复的约束作用(即转动副 E 连接前后连杆上 E 点的运动轨迹是一样的)，因而是一个虚约束。在计算机构的自由度时，应从机构的约束数中减去虚约束数。设机构的虚约束数为 p'，则机构的自由度为

$$F = 3n - (2p_1 + p_h - p') - F' \tag{2.3}$$

故图 2.12 所示机构的自由度为

$$F = 3 \times 4 - (2 \times 6 + 0 - 1) - 0 = 1$$

机构中的虚约束常发生在下列情况中。

(1)机构中，如果用转动副连接的是两构件上运动轨迹相重合的点，则该连接将带入 1 个

虚约束。图 2.12 就属这种情况。又如，在图 2.13 所示的椭圆机构中，$\angle CAD = 90°$，$BC = BD$，构件 CD 线上各点的运动轨迹均为椭圆。该机构中转动副 C 所连接的 C_2 与 C_3 两点的轨迹就是重合的，均沿 y 轴做直线运动，故将带入 1 个虚约束。若分析转动副 D，也可得出类似结论。

（2）机构中，如果用双转动副杆连接的是两运动构件上某两点之间的距离始终保持不变的两点，也将带入 1 个虚约束。图 2.13 所存在的 1 个虚约束也可看作是由双转动副的杆 1 将 A、B 两点（该两点之间的距离始终不变）相连而带入的。图 2.12 也属于此种情况。

（3）在机构中，不影响机构运动传递的重复部分所带入的约束为虚约束。如果机构重复部分中的构件数为 n'，低副数为 p'_1，高副数为 p'_h，则重复部分所带入的虚约束数 p' 为

$$p' = 2p'_1 + p'_h - 3n' \tag{2.4}$$

例如，在图 2.14 所示的轮系中，为了改善受力情况，在主动齿轮 1 和内齿轮 3 之间采用 3 个完全相同的齿轮 2、2′及 2″，而实际上，从机构运动传递的角度来说，仅有一个齿轮就可以了，其余两个齿轮并不影响机构的运动传递，故它们带入的两个约束均为虚约束，即

$$p' = 2p'_1 + p'_h - 3n' = 2 \times 2 + 4 - 3 \times 2 = 2$$

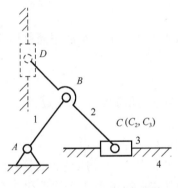

图 2.13　椭圆机构

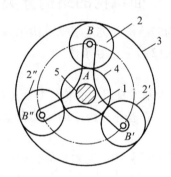

图 2.14　轮系

2.5　平面机构的组成结构

2.5.1　平面机构的组成原理

任何机构均由机架、原动件和从动件系统组成。根据机构具有确定运动的条件，即原动件数应等于机构的自由度，而从动件系统的自由度必然为零，该从动件系统称为杆组。有时机构还可分解成若干个不可再分的自由度为零的杆组，称为基本杆组。因此，可认为任何机构都是由自由度为零的杆组依次与机架、原动件连接所组成的，这便是机构的组成原理。

根据上述原理，当对现有机构进行运动分析或动力分析时，可将机构分解为机架和原动件及若干个基本杆组，然后对相同的基本杆组以相同的方法进行分析。例如，对于图 2.15（a）所示的破碎机，因其自由度 $F = 1$，故只有一个原动件。如果将原动件 1 及机架 6 与其余构件拆开，则由构件 2、3、4、5 所构成的杆组的自由度为零。而其还可以再拆分为由构件 4 与 5 和构件 2 与 3 所组成的两个基本杆组（图 2.15（b）），它们的自由度均为零。反之，当设计一个新机构的机构运动简图时，可先选定一个机架，并将数目等于机构自由度的 F 个原动件用运动副连于机架上，然后将各个基本杆组依次连于机架和原动件上，从而就构成一个新机构。

但应注意，在杆组并接时，不能将同一杆组的各个外接运动副(如杆组 4、5 中的转动副 B、F)接于同一构件上(图 2.16)，否则将起不到增加杆组的作用。

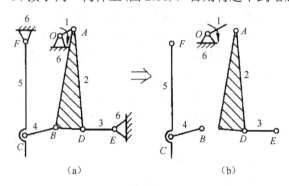

图 2.15　破碎机图

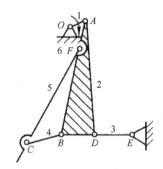

图 2.16　杆组的错误连接

2.5.2　平面机构的结构分类

　　机构的结构分类是根据机构中基本杆组的不同组成形态进行的。组成平面机构的基本杆组根据式(2.1)应符合条件

$$3n - 2p_1 - p_h = 0 \tag{2.5}$$

式中，n 为基本杆组中的构件数；p_1 及 p_h 分别为基本杆组中的低副数和高副数。

　　又如，在基本杆组中的运动副全部为低副，则式(2.5)变为

$$3n - 2p_1 = 0 \quad 或 \quad n/2 = p_1/3 \tag{2.6}$$

　　由于构件数和运动副数都必须是整数，故 n 应是 2 的倍数，而 p_1 应是 3 的倍数，它们的组合有 $n=2$，$p_1=3$；$n=4$，$p_1=6$；…可见，最简单的基本杆组是由 2 个构件和 3 个低副构成的，这种基本杆组称为Ⅱ级组。Ⅱ级组是应用最多的基本杆组，绝大多数的机构都是由Ⅱ级组构成的。Ⅱ级组有五种类型，如图 2.17 所示。

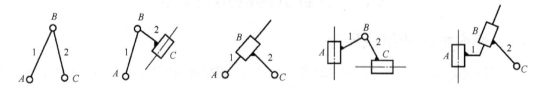

图 2.17　Ⅱ级组的类型

　　在少数结构比较复杂的机构中，除了Ⅱ级组外，可能还有其他较高级的基本杆组。图 2.18所示的 3 种结构形式均由 4 个构件和 6 个低副组成，而且都有一个包含 3 个低副的构件，此种基本杆组称为Ⅲ级组。

　　在同一机构中可以包含不同级别的基本杆组。把由最高级别为Ⅱ级组的基本杆组构成的机构称为Ⅱ级机构；把最高级别为Ⅲ级组的基本杆组构成的机构称为Ⅲ级机构；而把只由机架和原动件构成的机构(如杠杆机构、斜面机构等)称为Ⅰ级机构。

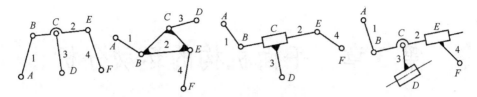

图 2.18　Ⅲ级组的类型

2.5.3　平面机构的结构分析

机构结构分析的目的是了解机构的组成，并确定机构的级别。

在对机构进行结构分析时，首先应正确计算机构的自由度(注意除去机构中的虚约束和局部自由度)，并确定原动件。然后从远离原动件的构件开始拆杆组。先试拆Ⅱ级组，若不成，再拆Ⅲ级组。每拆出一个杆组后，留下的部分仍应是一个与原机构有相同自由度的机构，直至全部杆组拆出只剩下原动件和机架。最后，确定机构的级别。例如，对上述破碎机进行结构分析时，取构件 1 为原动件，可依次拆出构件 5 与 4 和构件 2 与 3 两个Ⅱ级杆组，最后剩下原动件 1 和机架 6。由于拆出的最高级别的杆组是Ⅱ级组，故机构为Ⅱ级机构。如果取原动件为构件 5，则这时只可拆下一个由构件 1、2、3 和 4 组成的Ⅲ级杆组，最后剩下原动件 5 和机架 6，此时机构将成为Ⅲ级机构。由此可见，同一机构因所取的原动件不同，有可能成为不同级别的机构。但当机构的原动件确定后，杆组的拆法和机构的级别即确定。

第3章 平面机构的运动分析

机构运动分析是在已知机构尺寸及原动件运动规律的情况下，确定机构中其他构件上某些点的轨迹、位移、速度及加速度和构件的角位移、角速度及角加速度。本章内容是研究机械动力性能的必要前提。

机构运动分析的内容主要包括求解机构的位置、构件的角速度和角加速度，以及构件上某些点的线速度和线加速度。其分析方法主要有：用速度瞬心法（简称瞬心法）对简单机构进行速度分析；用相对运动图解法(简称图解法)对机构进行运动分析；用解析法对机构进行运动分析。

当需要简捷直观地了解机构的某个或某几个位置的运动特性时，采用图解法比较方便，而且精度能满足实际问题的要求。而当需要精确地知道或了解机构在整个运动循环过程中的运动特性时，采用解析法并借助计算机，不仅可获得很高的计算精度及一系列位置的分析结果，而且能绘出机构相应的运动线图，还可把机构分析和机构综合问题联系起来，以便于机构的优化设计。本章主要介绍图解法。

3.1 机构速度分析的瞬心法

通常多数机械的运动分析仅需对其机构作速度分析。这时对于某些结构简单的机构，采用瞬心法对其进行速度分析往往显得十分简便和直观。

在任一瞬时，两个做平面相对运动的构件都可以看作绕一个瞬时重合点做相对转动。这个瞬时重合点又称为瞬时转动中心，简称为瞬心。这两个构件在该重合点处的绝对速度相等，所以瞬心又称为等速重合点或同速点。若这两个构件之中有一个构件固定不动，则瞬心处的绝对速度为零，称这类瞬心为绝对瞬心。当两个构件都在运动时，其瞬心称为相对瞬心。

因为机构中每两个构件间就有一个瞬心，故由 N 个构件(含机架)组成的机构的瞬心总数 K，根据排列组合的知识，应为

$$K = N(N-1)/2 \tag{3.1}$$

各瞬心位置的确定方法如下。

对于通过运动副直接相连的两构件间的瞬心，可由瞬心定义来确定其位置。如图 3.1 所示，以转动副相连接的两构件的瞬心就在转动副的中心处(图 3.1(a))；以移动副相连接的两构件间的瞬心位于垂直于导路方向的无穷远处(图 3.1(b))；以平面高副相连接的两构件间的瞬心，当高副两元素做纯滚动时就在接触点处(图 3.1(c))，当高副两元素间有相对滑动时，则在过接触点高副元素的公法线上(图 3.1(d))。

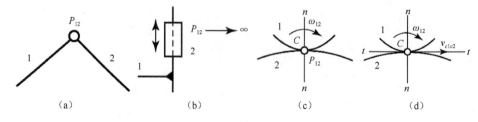

图 3.1 瞬心的位置

对于不通过运动副直接相连的两构件间的瞬心，可借助三心定理来确定其位置。三心定理即 3 个彼此做平面平行运动的构件的 3 个瞬心必位于同一直线上。因为只有 3 个瞬心位于同一直线上，才有可能满足瞬心为等速重合点的条件。

在图 3.2 所示的平面铰链四杆机构中，瞬心 P_{12}、P_{23}、P_{34}、P_{14} 的位置可直观地加以确定，而其余两瞬心 P_{13}、P_{24} 则需要根据三心定理来确定。对于构件 1、2、3 来说，P_{13} 必在 P_{12} 及 P_{23} 的连线上，而对于构件 1、3、4 来说，P_{13} 又应在 P_{14} 及 P_{34} 的连线上，故上述两线的交点即瞬心 P_{13}。同理，可求得瞬心 P_{24}。

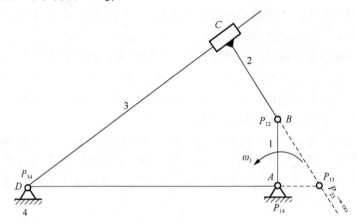

图 3.2　导杆机构的瞬心

下面举例说明利用速度瞬心法对机构进行速度分析的方法。

【例 3.1】　图 3.2 为一导杆机构的运动简图，已知 $\omega_1 = 10\text{rad/s}$，试用速度瞬心法求构件 3 的角速度 ω_3。

解：由于构件 1 的角速度是已知的，欲求构件 3 的角速度 ω_3，可借助构件 1 与构件 3 的速度瞬心 P_{13}。

在图示机构中，瞬心 P_{12}、P_{23}、P_{34}、P_{14} 的位置可直接观察确定。根据三心定理，瞬心 P_{13} 位于瞬心 P_{12} 与 P_{23} 的连线上；P_{13} 又在瞬心 P_{14} 与 P_{34} 的连线上，故上述两条线的交点即瞬心 P_{13} 的位置。

瞬心是两构件等速重合点，因此有

$$\mu_l \overline{AP_{13}}\omega_1 = \mu_l \overline{DP_{13}}\omega_3$$

式中，μ_l 为机构运动尺寸的长度比尺，为构件实际长度与图示长度之比，单位为 m/mm 或 mm/mm。

由上式可得

$$\omega_3 = \frac{\mu_l \overline{AP_{13}}\omega_1}{\mu_l \overline{DP_{13}}} = 1.43\text{rad/s} \quad (\text{逆时针方向})$$

又如图 3.3 所示的凸轮机构，设已知各构件的尺寸及凸轮的角速度 ω_2，需求从动件 3 的移动速度 v。

如图所示，过高副元素的接触点 K 作其公法线 nn，由前述可知，其与瞬心连线 $P_{12}P_{13}$ 的交点即瞬心 P_{23}，又因其为 2、3 两构件的等速重合点，故可得

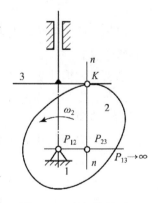

图 3.3　凸轮机构的瞬心

$$v = v_{P23} = \omega_2 \overline{P_{12}P_{23}}\mu_l \quad (方向垂直向上)$$

利用瞬心法对机构进行速度分析虽较简便，但当某些瞬心位于图纸之外时，将给求解带来困难。同时，瞬心法不能用于机构的加速度分析。

3.2　机构运动分析的图解法

机构运动的图解分析包括对机构的位置、速度及加速度的分析。由于机构的位置图解分析实际上是按给定的机构尺寸及原动件位置作其机构运动简图，第 2 章已作介绍，所以本节主要介绍机构的速度和加速度分析的图解法。

用相对运动图解法对机构进行运动分析时，经常会遇到两类问题。其一是已知某个构件上一点的速度和加速度，求该构件上另外一点的速度和加速度；其二是两个做平面相对运动的构件之间存在一个瞬时重合点，其中一个构件在这个重合点处的速度和加速度是已知的，求解另外一个构件在该点处的速度和加速度。

机构的速度及加速度分析的一般图解方法为矢量方程图解法，其所依据的基本原理是理论力学中的运动合成原理。在对机构进行速度和加速度分析时，首先要根据运动合成原理列出机构运动的矢量方程，然后按方程作图求解。下面就运动分析中常遇到的两种情况说明矢量方程图解法的基本原理和做法。

3.2.1　利用同一构件上两点间的速度及加速度矢量方程作图求解

1. 速度关系

在图 3.4(a) 所示的机构运动简图中，已知机构位置、各构件尺寸和原动件 1 的角速度 ω_1（为常数），求构件 2 的角速度 ω_2、角加速度 ε_2 和构件 2 上 D 点的速度 v_{D2}、加速度 a_{D2} 及构件 3 的速度 v_3 和加速度 a_3。

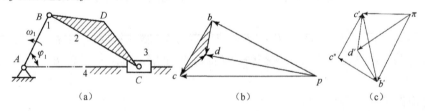

图 3.4　平面四杆机构图解运动分析（一）

已知构件 1 的角速度，可求得构件 1 和构件 2 上 B 点的速度，大小为 $v_{B1} = v_{B2} = \omega_1 l_{AB}$，方向垂直于 AB。

那么已知构件 2 上 B 点的速度、构件 2 和构件 3 上的重合点 C 点的速度方向，要确定构件 2 的角速度和构件 3 的速度，只需建立构件 2 上 B 点和 C 点的相对运动矢量方程即可。根据运动合成原理，构件 2 上 C 点的速度 v_C 等于构件 2 上 B 点的速度 v_B 和构件 2 上 C 点相对于构件 2 上 B 点的相对速度 v_{CB} 的矢量和，即

	v_C	=	v_B	+	v_{CB}
大小	?		$\omega_1 l_{AB}$		?
方向	沿导路方向		$\perp AB$		$\perp BC$

由于一个矢量方程可转化为两个标量方程，故上面矢量方程含两个未知量，可解。下面

就用图解法来解此方程。

首先选取速度比例尺 $\mu_v\left(\dfrac{\text{m/s}}{\text{mm}}\right)$，然后在平面内任意选取一点 p 作为作图起始点，p 点称为速度极点，代表机构中构件上绝对速度为零的点，如图 3.4(b) 所示。从 p 点作矢量 pb 垂直于 AB 代表 B 点的速度 v_B，其长度 $\overline{pb}=v_B/\mu_v$，再过 b 点作垂直于 BC 的直线 bc 代表速度 v_{CB} 的方向线，然后过 p 点作平行于滑块导路的直线 pc 代表 v_C 的方向线，此两方向线的交点为 c，则矢量 pc 代表 C 点的速度 v_C，矢量 bc 代表 C 点相对 B 点的相对速度 v_{CB}，其大小分别为

$$v_C = \mu_v\,\overline{pc}$$

$$v_{CB}=\mu_v\,\overline{bc}$$

构件 2 的角速度和构件 3 的速度分别为

$$\omega_2=\frac{v_{CB}}{l_{BC}}=\frac{\mu_v\,\overline{bc}}{l_{BC}}\quad(\text{顺时针方向})$$

$$v_3=v_C=\mu_v\,\overline{pc}\quad(\text{沿着导路向左})$$

已知构件 2 上 B 点和 C 点的速度后，可求构件 2 上第三点 D 点的速度 $\omega_1 l_{AB}$，矢量方程为

v_D	$=$	v_B	$+$	v_{DB}	$=$	v_C	$+$	v_{DC}
大小		$\omega_1 l_{AB}$		?		$\mu_v\,\overline{pc}$		?
方向		$\perp AB$		$\perp BD$		pc		$\perp DC$

上式中只有 v_{DB} 和 v_{DC} 的大小两个未知量，故可利用图解法求出。如图 3.4(b) 所示，过 b 点作垂直于 BD 的直线 bd 代表 v_{DB} 的方向线，过 c 点作垂直于 CD 的直线 cd 代表 v_{DC} 的方向线，这两条方向线的交点为 d，矢量 pd 即代表 D 点的速度 v_D，其大小为 $v_D=\mu_v\,\overline{pd}$。

由于速度多边形图中直线 bc、cd、bd 分别垂直于机构运动简图中的 BC、CD、BD，故 $\triangle BCD \backsim \triangle bcd$，且两三角形顶点字母排列顺序相同（$BCD$ 和 bcd 均为逆时针排列），故称 $\triangle bcd$ 为 $\triangle BCD$ 的速度影像。

在图 3.4(b) 中由各速度矢量所构成的多边形称为速度多边形。在速度多边形中，由极点 p 向外发射的矢量代表对应点的绝对速度矢量，连接两个绝对速度矢端的矢量代表对应点的相对速度矢量（bc 代表 C 点相对 B 点的相对速度 v_{CB}），极点 p 的速度为 0。如果已知同一构件上两点的速度，想求此构件上第三点的速度，可用影像法，即在速度多边形上作与机构运动简图中该三点所构成的三角形相似的三角形，注意，两三角形顶点字母排列顺序要相同。

2. 加速度关系

根据已知条件，由于 ω_1 为常数，那么 B 点的法向加速度为 $a_B^n=\omega_1^2 l_{AB}$，切向加速度 $a_B^t=0$。根据运动合成原理，C 点的加速度 a_C 等于 B 点的加速度 $a_B=a_B^n$ 和 C 点相对于 B 点的相对加速度 $a_{CB}=a_{CB}^n+a_{CB}^t$ 的矢量和，即

a_C	$=$	a_B^n	$+$	a_B^t	$+$	a_{CB}^n	$+$	a_{CB}^t
大小　?		$\omega_1^2 l_{AB}$		0		$\omega_2^2 l_{BC}=\left(\dfrac{v_{CB}}{l_{BC}}\right)^2 l_{BC}$		?
方向　沿导路方向		$B\to A$				$C\to B$		$\perp BC$

方程中有两个未知量，因此可用图解法求解。如图 3.4(c) 所示，取加速度比例尺

$\mu_a\left(\dfrac{m/s^2}{mm}\right)$，然后任取一点作为加速度极点 π。从极点 π 出发画代表 $\boldsymbol{a}_B$ 的矢量 $\boldsymbol{\pi b'}$，然后由 b' 点出发画代表 $\boldsymbol{a}_{CB}^n$ 的矢量 $\boldsymbol{b'c''}$，之后由 c'' 点出发画代表 $\boldsymbol{a}_{CB}^t$ 方向的方向线 $c''c'$，这样等式右边的各矢量全部画完，最后从极点 π 出发画代表 $\boldsymbol{a}_C$ 方向的方向线 $\boldsymbol{\pi c'}$，$\boldsymbol{a}_{CB}^t$ 的方向线 $c''c'$ 与 $\boldsymbol{a}_C$ 的方向线 $\boldsymbol{\pi c'}$ 的交点为 c'，$\boldsymbol{\pi c'}$ 代表 $\boldsymbol{a}_C$，$c''c'$ 代表 $\boldsymbol{a}_{CB}^t$，其大小为

$$a_C = \mu_a \overline{\pi c'}$$

$$a_{CB}^t = \mu_a \overline{c''c'}$$

构件 2 的角加速度 ε_2 和构件 3 的加速度 $\boldsymbol{a}_3$ 的大小分别为

$$\varepsilon_2 = \frac{a_{CB}^t}{l_{BC}} = \frac{\mu_a \overline{c''c'}}{l_{BC}} \quad \text{（逆时针方向）}$$

$$a_3 = a_C = \mu_a \overline{\pi c'} \quad \text{（沿着导路向左）}$$

在图 3.4（c）中由各加速度矢量所构成的多边形称为加速度多边形。从极点 π 发出的矢量代表对应点的绝对加速度矢量，连接两个绝对加速度矢端的矢量代表对应点的相对加速度，矢量 $b'c'$ 代表 C 点相对于 B 点的相对加速度矢量 $\boldsymbol{a}_{CB} = \boldsymbol{a}_{CB}^t + \boldsymbol{a}_{CB}^n$。

已知同一构件上两点的加速度，求这个构件上第三点的加速度可用加速度影像法，具体操作同速度影像法。现要求构件 2 上 D 点的加速度，在加速度多边形图中作 $\triangle b'c'd' \backsim \triangle BCD$，且 $b'c'd'$ 的排列顺序同 BCD 的排列顺序，均为逆时针排列，$\boldsymbol{\pi d'}$ 即代表 D 点的加速度，其大小为

$$a_D = \mu_a \overline{\pi d'}$$

3.2.2　利用两构件重合点间的速度及加速度矢量方程作图求解

与前一种情况不同，此处所研究的是以移动副相连的两转动构件上的重合点间的速度及加速度之间的关系，因而所列出的机构的运动矢量方程也有所不同，但做法却基本相似。下面举例加以说明。

【例 3.2】 图 3.5（a）为一平面四杆机构。已知各构件的尺寸为：$l_{AB} = 24\text{mm}$，$l_{AD} = 78\text{mm}$，$l_{CD} = 48\text{mm}$，$\gamma = 100°$；并知原动件 1 以等角速度 $\omega_1 = 10\text{rad/s}$ 沿逆时针方向回转。试用图解法求机构在 $\varphi_1 = 60°$ 时构件 2、3 的角速度和角加速度。

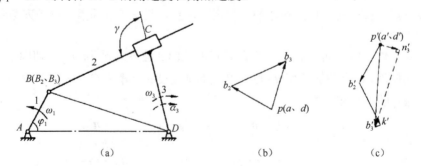

图 3.5　平面四杆机构图解运动分析（二）

解：（1）作机构运动简图。

选取尺寸比例尺 $\mu_l = 0.001\text{m/mm}$，按 $\varphi_1 = 60°$ 准确作出机构运动简图（图 3.5（a））。

(2) 作速度分析。

根据已知条件，速度分析应由 B 点开始，并取重合点 B_3 及 B_2 进行求解。已知 B_2 点的速度为

$$v_{B2} = v_{B1} = \omega_1 l_{AB} = 10 \times 0.024 = 0.24(\text{m/s})$$

其方向垂直于 AB，指向与 ω_1 的转向一致。

为求 ω_3，需先求得构件 3 上任一点的速度。因构件 3 与构件 2 组成移动副，故可由两构件上重合点间的速度关系来求解。由运动合成原理可知，重合点 B_3 及 B_2 有

$$v_{B3} = v_{B2} + v_{B3B2}$$
$$\text{方向}\quad \perp BD \quad \perp AB \quad /\!/ BC$$
$$\text{大小}\quad ? \quad \surd \quad ?$$

式中仅有两个未知量，故可用图解法求解。取速度比例尺 $\mu_v = 0.01\text{m/(s·mm)}$，并取点 p 作为速度图极点，作其速度图，如图 3.5(b) 所示，于是得

$$\omega_3 = v_{B3} / l_{BD} = \mu_v \overline{pb_3} / (\mu_l \overline{BD}) = 0.01 \times 27 / (0.001 \times 69) = 3.91(\text{rad/s}) \quad (\text{顺时针})$$

再由 $\omega_2 = \omega_3$ 得到 ω_2。

(3) 作加速度分析。

加速度分析的步骤与速度分析相同，也应从 B 点开始，且已知 B 点仅有法向加速度，即

$$a_{B2} = a_{B1} = a_{B2}^n = \omega_1^2 l_{AB} = 10^2 \times 0.024 = 2.4(\text{m}/\text{s}^2)$$

其方向沿 AB 点，并由 B 点指向 A 点。

B_3 点的加速度 $\boldsymbol{a}_{B3}$ 由两构件上重合点间的加速度关系可知，有

$$a_{B3} = a_{B3D}^n + a_{B3D}^t = a_{B2} + a_{B3B2}^k + a_{B3B2}^r$$
$$\text{方向}\quad B \to D \quad \perp BD \quad B \to A \quad \perp BC \quad /\!/ BC$$
$$\text{大小}\quad \surd \quad ? \quad \surd \quad \surd \quad ?$$

式中，a_{B3B2}^k 为 B_3 点相对于 B_2 点的科氏加速度，其大小为

$$a_{B3B2}^k = 2\omega_2 v_{B3B2} = 2\omega_2 \mu_v \overline{b_2b_3} = 2 \times 3.91 \times 0.01 \times 32 = 2.5(\text{m}/\text{s}^2)$$

其方向为将相对速度 v_{B3B2} 沿牵连构件 2 的角速度 ω_2 的方向转过 $90°$ 之后的方向。而 $\boldsymbol{a}_{B3D}^n$ 的大小为

$$a_{B3D}^n = \omega_3^2 l_{BD} = \omega_3^2 \mu_l \overline{BD} = 3.91^2 \times 0.001 \times 69 = 1.05(\text{m}/\text{s}^2)$$

方程仅有两个未知量，故可用图解法求解。选取加速度比例尺 $\mu_a = 0.1\text{m/(s}^2\text{·mm)}$，并取 p 点为加速度图极点，依次作其加速度图，如图 3.5(c) 所示，于是得

$$a_3 = a_{B3D}^t / l_{BD} = \mu_a \overline{n_3'b_3'} / \mu_l \overline{BD} = 0.1 \times 43 / (0.001 \times 69) = 62.3(\text{rad}/\text{s}^2) \quad (\text{逆时针})$$

再由 $a_2 = a_3$ 得到 a_2。

第4章　平面机构的力分析

4.1　机构力分析的目的和方法

机构的运动过程也是机构的传力过程。作用在机械上的力不仅是影响机械的运动和动力性能的重要参数，而且是决定机械的强度设计和结构形状的重要依据，所以不论是设计新机械，还是为了合理地使用现有机械，都必须对机械的受力情况进行分析。

1. 作用在机械上的力

机械在运动过程中，其各构件上受到的力有驱动力、生产阻力、重力、摩擦力和介质阻力、惯性力以及运动副反力等。根据力对机械运动的不同影响，可将其分为两大类。

驱动机械运动的力称为驱动力。驱动力与其作用点的速度方向相同或成锐角，其所做的功为正功，称为驱动功或输入功。阻碍机械运动的力称为阻抗力。阻抗力的特征是该力的方向与其作用点的速度方向相反或成钝角，它所做的功为负功，称为阻抗功。阻抗力可分为有效阻力(又称生产阻力)和有害阻力两种。有效阻力是机械为了完成生产工作而必须克服的阻力，如机床加工零件时的切削阻力、起重机起吊重物的重力等都是有效阻力。克服有效阻力所做的功称为输出功或有效功。有害阻力是机械在运转过程中所受到的非生产消耗的无用阻力，如摩擦阻力、介质阻力等均为有害阻力。克服有害阻力所做的功称为损耗功。

机器做周期性运动时，重力作用在构件质心上，当质心上升时它为阻抗力，当质心下降时它为驱动力。在一个运动循环中重力所做的功为零。

惯性力是构件做变速运动时所产生的力，它作用在构件质心上，其方向与质心加速度方向相反。在一个运动循环中惯性力所做的功为零。

运动副反力是运动副中的反作用力，即运动副两元素接触处彼此的作用力，对整个机构而言它是内力，而对某一构件来说它是外力，机械工作时，它将使运动副中产生摩擦力而阻止机械的运动。

2. 机构力分析的目的

机构力分析的目的主要有两个方面。

(1)确定运动副中的反力。这些力的大小及性质对于机构各零件的结构设计、强度计算，机械的摩擦与效率分析，以及机械的动力性能研究等一系列问题，都是极为重要的。

(2)确定机械上的平衡力(或平衡力矩)。平衡力(或平衡力矩)是指机械在已知外力作用下，为使该机构能按给定的运动规律运动而必须加于机械上的未知外力(或未知外力矩)。在设计或改进机械时，为充分挖掘机械的生产潜力，需确定机械平衡力。例如，为确定机械工作时所需原动机的最小功率或机械所能克服的最大生产阻力，以及研究机械的调速、平衡等问题时，都需要求解机械的平衡力。

3. 机构力分析的方法

机构力分析分为静力分析和动态静力分析。静力分析是不计惯性力所产生的动载荷而仅考虑静载荷的作用，对机构进行的力分析，适用于低速轻载机械。对于高速及重型机械，因其惯性力很大，故必须考虑惯性力的影响，这时需对机械作动态静力分析，即同时计及静载荷和惯性力(惯性力矩)所引起的动载荷而对机构进行的力分析。根据理论力学的达朗贝尔原理，将机构运转时产生的惯性力视为外加于产生该惯性力的构件上的力，这样该动态机构可被认为处于静力平衡状态，可用静力学方法对其进行受力分析，这样的力分析称为动态静力分析。

对机构进行动态静力分析时，需先确定各构件的惯性力。但在设计新机械时，因各构件的结构尺寸、材料、质量及转动惯量等参数尚未确定，故无法确定其惯性力。在此情况下，一般先对机构作静力分析及静强度计算，初步确定各构件的尺寸，并定出质量及转动惯量等参数，再对机构进行动态静力分析及强度计算，并据此对各构件尺寸作必要修正，直至获得满意的设计结果。

机构力分析的方法有图解法和解析法两种。图解法形象直观，精度较低，但尚能满足一般工程的要求。解析法计算精度高，容易求得约束反力与平衡力的变化规律，随着电子计算机的广泛应用而越来越受到重视。

4.2 考虑摩擦时的机构受力分析

机械运动时，运动副中将会产生摩擦力。机构运动副中的摩擦力是一种有害阻力，它使运动副元素受到磨损，使机械的效率降低，机械的工作性能、使用寿命受到影响。但摩擦并非总是有害的，如带传动、摩擦离合器和制动器等正是利用摩擦力来工作的。因此，为了减小摩擦的不利影响，充分发挥摩擦的有用性，必须对运动副中的摩擦进行研究和分析。下面介绍各种运动副中摩擦力的确定方法。

4.2.1 移动副中摩擦力的确定

如图 4.1(a)所示，滑块 1 与平台 2 构成移动副。设作用在滑块 1 上的铅垂载荷为 G，而平台 2 作用在滑块 1 上的法向反力为 F_{N21}，当滑块 1 在水平力 F 的作用下等速向右移动时，滑块 1 受到平台 2 作用的摩擦力 F_{f21} 的大小为

$$F_{f21} = fF_{N21} \tag{4.1}$$

其方向与滑块 1 相对于平台 2 的相对速度 v_{12} 的方向相反。式中，f 为摩擦因数。

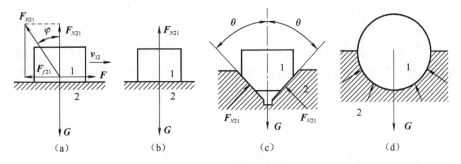

图 4.1 移动副中的摩擦

两接触面间摩擦力的大小与接触面的几何形状有关。若两构件沿单一平面接触(图 4.1(b)),因 $F_{N21} = G$,故 $F_{f21} = fG$;若两构件沿一槽形角为 2θ 的槽面接触(图 4.1(c)),因 $F_{N21} = G / \sin\theta$,故 $F_{f21} = fG / \sin\theta$;若两构件沿一半圆柱面接触(图 4.1(d)),因其接触面各点处的法向反力均沿径向,故法向反力的数量总和可表示为 kG。这时 $F_{f21} = fkG$。其中 k 为与接触面接触情况有关的系数,取 $k = 1 \sim \pi/2$。

为了简化计算,统一计算公式,不论移动副元素的几何形状如何,现均将其摩擦力的计算式表达为如下形式:

$$F_{f21} = fF_{N21} = f_v G \tag{4.2}$$

式中,f_v 为当量摩擦因数。当移动副两元素为单一平面接触时,$f_v = f$;为槽面接触时,$f_v = f / \sin\theta$;为半圆柱面接触时,$f_v = kf$ $(k = 1 \sim \pi/2)$。在计算移动副中的摩擦力时,不管移动副两元素的几何形状如何,只要在式(4.2)中引入相应的当量摩擦因数即可。

运动副中的法向反力和摩擦力的合力称为运动副中的总反力。如图 4.1(a)所示,平台 2 作用在滑块 1 上的总反力以 F_{R21} 表示,则总反力与法向反力之间的夹角 φ 为摩擦角,而

$$\varphi = \arctan f \tag{4.3}$$

移动副中总反力的方向可按如下确定:

(1)总反力与法向反力偏斜一摩擦角 φ;

(2)总反力 F_{R21} 与法向反力偏斜的方向与构件 1 相对于构件 2 的相对速度 v_{12} 的方向相反。在总反力方向确定之后,即可对机构进行力分析。

【例 4.1】 图 4.2 为一斜面机构,滑块 1 与升角为 α 的斜面 2 组成移动副。设此移动副的摩擦角为 φ,作用在滑块 1 上的铅垂载荷为 G,现需求使滑块 1 沿斜面 2 等速上升(通常称此行程为正行程)时和沿斜面 2 保持等速下滑(反行程)时所需加的水平平衡力 F。

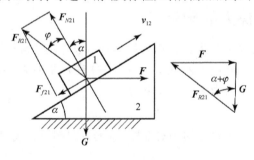

图 4.2 正行程

解:当滑块 1 沿斜面 2 等速上升(正行程,图 4.2)时,滑块 1 上的载荷 G 为阻抗力,而其上所需加的水平平衡力 F 则为驱动力。考虑摩擦时的力分析为:先作出总反力 F_{R21} 的方向,再根据滑块的力平衡条件作力三角形,便不难求得所需的水平驱动力为

$$F = G \tan(\alpha + \varphi) \tag{4.4}$$

当滑块 1 沿斜面 2 等速下滑(反行程,图 4.3)时,滑块 1 的载荷 G 为驱动力,显然其上所需加的水平平衡力与正行程时不同,以 F' 表示。作出总反力 F'_{R21} 的方向后,根据滑块力平衡条件作力三角形,即可求得要保持滑块 1 等速下滑的平衡力为

$$F' = G \tan(\alpha - \varphi) \tag{4.5}$$

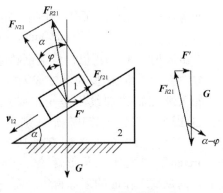

图 4.3 反行程

这里应当注意的是，在反行程中 G 为驱动力，当 $\alpha > \varphi$ 时，F' 为正值，是阻止滑块 1 加速下滑的阻抗力；当 $\alpha < \varphi$ 时，F' 为负值，其方向与图示方向相反，F' 也为驱动力，其作用是促使滑块 1 沿斜面 2 等速下滑。

此外，由式 (4.4) 和式 (4.5) 不难看出，正反行程平衡力的计算仅摩擦角前的正负号不同，因而当已知正 (反) 行程的平衡力计算式时，只需改变摩擦角前的正负号，就可求得反 (正) 行程平衡力的计算式。

【例 4.2】 如图 4.4(a) 所示，螺母 1 和螺杆 2 组成矩形螺纹的螺旋副，其中径升角为 α。设此螺旋副的摩擦角为 φ，作用在螺母 1 上的轴向载荷为 G，现需求拧紧螺母 (螺母旋转并逆着其所受到的轴向力方向等速运动，即正行程) 时和放松螺母 (即螺母反行程) 时其上需加的平衡力矩 M。

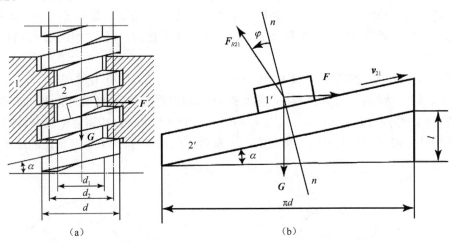

(a)   (b)

图 4.4 矩形螺纹螺旋副

解： 由于螺杆 2 的螺纹可以设想是由一斜面卷绕在圆柱体上形成的，故螺母 1 和螺杆 2 的螺纹之间的相互作用关系可以简化为滑块 $1'$ 沿斜面 $2'$ 滑动的关系 (图 4.4(b))，所以加一力矩 M 等速拧紧螺母就相当于在滑块 $1'$ 上加一水平力 F 使其沿斜面 $2'$ 等速向上滑动。故由例 4.1 可知 $F = G\tan(\alpha + \varphi)$，式中 F 为作用在螺纹的中径 (以 d_2 表示) 上的圆周力，且为驱动力。故拧紧螺母时所需的平衡力矩为驱动力矩，即

$$M = Fd_2 / 2 = Gd_2 \tan(\alpha + \varphi) / 2 \tag{4.6}$$

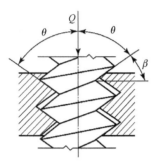

图 4.5　普通螺纹螺旋副

而等速放松螺母时所需的平衡力矩则为

$$M'=Gd_2 \tan(\alpha - \varphi) / 2 \tag{4.7}$$

当$\alpha > \varphi$时，M'为正值，是阻止螺母加速松退的阻力矩；当$\alpha < \varphi$时，M'为负值，即M'反向，M'成为放松螺母所需的驱动力矩。

如果螺旋副的螺纹不是矩形螺纹，而为三角形（普通）螺纹（图4.5）或半圆形螺纹等其他形式螺纹，则可利用当量摩擦因数的概念，只需引入相应的当量摩擦因数 f_v 和相应的当量摩擦角 $\varphi_v = \arctan f_v$（如对于三角形螺纹，$f_v = f / \sin(90° - \beta) = f / \cos\beta$，式中$\beta$为螺纹工作面的牙形斜角，而$\varphi_v = \arctan f_v$），就可直接引用式(4.6)及式(4.7)进行计算，即拧紧和放松螺母所需的力矩分别为

$$M=Gd_2 \tan(\alpha + \varphi_v) / 2 \tag{4.8}$$

$$M'=Gd_2 \tan(\alpha - \varphi_v) / 2 \tag{4.9}$$

显然，式(4.8)和式(4.9)中，对于不同螺纹牙形的螺纹应代入不同的当量摩擦角φ_v。

4.2.2　转动副中摩擦力的确定

转动副在各种机械中应用广泛，机械中的转动副由轴颈和轴承构成，轴被轴承支承的部分称为轴颈。按受力方向不同，转动副分为两类：当载荷垂直于轴的几何轴线时称为径向轴颈和径向轴承，当载荷平行于轴的几何轴线时称为止推轴颈和止推轴承。

1. 轴颈的摩擦

机器中所有的转动轴都要支承在轴承中。轴放在轴承中的部分称为轴颈（图4.6），轴颈与轴承构成转动副。当轴颈在轴承中回转时，必将产生摩擦力来阻止其回转。下面就来讨论如何计算这个摩擦力对轴颈所形成的摩擦力矩，以及在考虑摩擦时转动副中总反力的方位的确定方法。

如图 4.7 所示，设受有径向载荷 G 作用的轴颈 1，在驱动力偶矩 M_d 的作用下，在轴承 2 中等速转动。此时，转动副两元素间必将产生摩擦力以阻止轴颈相对于轴承的滑动。如前所述，轴承 2 对轴颈 1 的摩擦力 $F_{f21} = f_v G$，式中 $f_v = (1 \sim \pi / 2) f$（对于配合紧密且未经磨合的转动副，f_v 取较大值；而对于有较大间隙的转动副，f_v 取较小值）。摩擦力 F_{f21} 对轴颈的摩擦力矩为

$$M = F_{f21} r = f_v G r$$

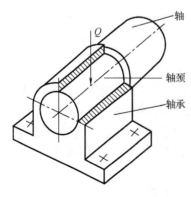

图 4.6　轴颈及轴承

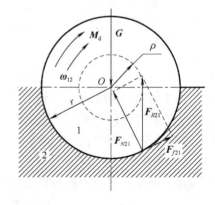

图 4.7　轴颈的摩擦

又如图 4.7 所示，如果将作用在轴颈 1 上的法向反力 F_{N21} 和摩擦力 F_{f21} 用总反力 F_{R21} 来表示，则根据轴颈 1 的受力平衡条件可得 $G = -F_{R21}$，而 $M_d = -F_{R21}\rho = -M_f$，故

$$M_f = f_v Gr = F_{R21}\rho \tag{4.10}$$

式中

$$\rho = f_v r \tag{4.11}$$

对于一个具体的轴颈，由于 f_v 及 r 均为定值，故 ρ 为一固定长度。以轴颈中心 O 为圆心，以 ρ 为半径作圆(图 4.7 中虚线小圆)，称其为摩擦圆，ρ 称为摩擦圆半径。由图 4.7 可知，只要轴径相对于轴承滑动，轴承对轴径的总反力 F_{R21} 将始终切于摩擦圆。

在对机械进行受力分析时，需要求出转动副中的总反力，而总反力的方位可根据如下 3 点来确定：

(1)在不考虑摩擦的情况下，根据力的平衡条件，确定不计摩擦力时的总反力的方向；

(2)计摩擦时的总反力应与摩擦圆相切；

(3)轴承 2 对轴颈 1 的总反力 F_{R21} 对轴颈中心之矩的方向必与轴颈 1 相对于轴承 2 的相对角速度 ω_{12} 的方向相反。

2. 轴端的摩擦

轴用以承受轴向力的部分称为轴端(图 4.8(a))。当轴端 1 在止推轴承 2 上旋转时，两者接触面间也将产生摩擦力。摩擦力对轴端 1 的回转轴线之矩即摩擦力矩 M_f。

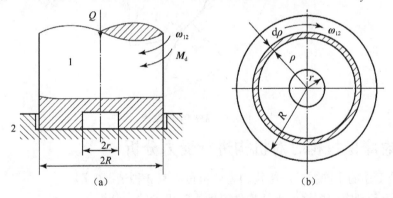

图 4.8　轴端的摩擦

如图 4.8(b)所示，从轴端接触面上取出环形微面积 $ds = 2\pi\rho d\rho$，设 ds 上的压强 p 为常数，则环形微面积上所受的正压力为 $dF_N = pds$，摩擦力为 $dF_f = fdF_N = fpds$，对回转轴线的摩擦力矩 dM_f 为

$$dM_f = \rho dF_f = \rho fpds$$

轴端所受的总摩擦力矩 M_f 为

$$M_f = \int_r^R \rho fpds = 2\pi f \int_r^R p\rho^2 d\rho \tag{4.12}$$

式(4.12)的解可分下述两种情况来讨论。

(1)新轴端。对于新制成的轴端和轴承，或很少相对运动的轴端和轴承，这时可假定 $p =$ 常数，则

$$M_f = \frac{2}{3} f G(R^3 - r^3) \Big/ (R^2 - r^2) \tag{4.13}$$

(2)磨合轴端。轴端经过一段时间的工作后，称为磨合轴端。由于磨损的关系，这时轴端与轴承接触面各处的压强已不能再假定为处处相等，而较符合实际的假设是轴端和轴承接触面间处处等磨损，即近似符合 $p\rho = $ 常数的规律。于是，由式(4.12)可得

$$M_f = f G(R + r) / 2 \tag{4.14}$$

根据 $p\rho = $ 常数，在轴端中心部分的压强非常大，极易压溃，故载荷较大的轴端常作成空心的，如图 4.8 所示。

4.2.3 平面高副中摩擦力的确定

平面高副两元素之间的相对运动通常是滚动兼滑动，故有滚动摩擦力和滑动摩擦力。不过，由于前者一般较后者小得多，所以在对机构进行力分析时，一般只考虑滑动摩擦力。如图 4.9 所示，其总反力 F_{R21} 的方向的确定方法与移动副相同。

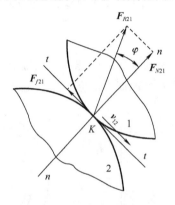

图 4.9 高副中的摩擦

4.2.4 考虑摩擦机构时对机构进行受力分析

根据机械工作的不同要求，机构的力分析可能有 3 种情况，即

(1)考虑运动副中的摩擦而不计构件惯性力时机构的力分析；

(2)不考虑摩擦但计及构件惯性力时机构的力分析；

(3)既考虑运动副中的摩擦又需计及构件惯性力时机构的力分析。

本节只介绍前两种情况时机构力分析的方法。至于第三种情况下机构的力分析，可综合运用前两种情况时机构力分析的方法来处理。在 4.3 节中，介绍第二种情况时机构力分析的方法。

考虑摩擦时进行机构的力分析，当然要首先确定机构各运动副中的摩擦力，而且为了便于进行机构的力分析，一般要求运动副中的总反力。下面举例加以介绍。

【例 4.3】 考虑摩擦时平面铰链四杆机构的力分析。已知机构各构件的尺寸、各转动副的半径 r 和当量摩擦因数 f_v，曲柄 1 在已知驱动力 M_1 的作用下沿 ω_1 方向转动，试求在图示位置时各运动副中的反力和作用在构件 3 上的平衡力矩 M_3（不计各构件的重力及惯性力）。

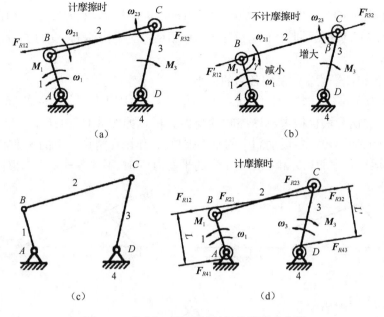

图 4.10　考虑运动副摩擦时机构的受力分析

解: (1)确定运动副中的总反力方向。

根据理论力学可知,力分析首先要确定力的方向。各个构件的受力,除了外力就是它们之间的相互作用力,也就是总反力。由于考虑摩擦,总反力不再过铰链的中心,而是和摩擦圆相切,力分析之前首先要把摩擦圆确定,摩擦圆的半径等于当量摩擦因数×轴颈的半径,即摩擦圆半径 $\rho = f_v r$。以铰链中心为圆心,以轴颈半径为半径作摩擦圆。以构件为分离体作力的分析,力的分析先从力的方向确定的构件开始(即二力杆,对整个机构,不考虑构件重力和惯性力)。

如图 4.10(a)所示,连杆 2 属于二力杆,连杆 2 的两端只有两个运动副,每个运动副只有一个总反力,这两个力必定共线,考虑总反力就要确定构件 1 对构件 2 的作用力,构件 3 对构件 2 的作用力。要确定总反力,首先确定不计摩擦时的总反力。既然是二力杆,受力无非有两种情况,受拉(构件 1、3 对构件 2 的作用力是向外的)或者受压(构件 1、3 对构件 2 的作用力是头对头的),这样不计摩擦,如图 4.10(b)所示,这两个力分别都过铰链中心,分别过 B 点和 C 点,同时共线,大小相等,方向相反,根据力的平衡条件,对构件 2 的作用力是向外的,如 F'_{R32}。其次判断相对运动方向,构件 2 对构件 1 的总反力应该和构件 1 相对于构件 2 的转动方向相反,构件 1 对构件 2 的作用力要阻止构件 2 相对构件 1 的运动,分别用两个角 γ、β 表示它们的夹角,如图 4.10(b)所示。ω_1 逆时针时,γ 减小,β 增大,这样构件 2 相对于构件 1 顺时针,构件 2 相对于构件 3 顺时针,在考虑摩擦时,总反力方向确定,如图 4.10(d)所示,F_{R12} 切于摩擦圆上方,F_{R32} 切于摩擦圆下方,且 $F_{R12} = -F_{R32}$。接下来分析构件 1,构件 1 受到驱动力矩 M_1、构件 2 对构件 1 的反力 F_{R21}(和 F_{R12} 大小相等,方向相反),以及构件 4 对构件 1 的反力 F_{R41},构件受到的力和力矩相互平衡,F_{R21} 和 F_{R41} 组成的力偶应该和 M_1 平衡。F_{R41} 和 F_{R21} 组成力偶,大小相等,方向相反且平行,F_{R41} 对 A 点的力矩应与 M_1 相反,阻止构件 1 相对于构件 4 的运动,达到平衡。对于构件 3,受力 F_{R23}、F_{R43} 应与 M_3 平衡,且

$F_{R43} = -F_{R23}$，构件 4 的角速度方向是逆时针，如图 4.10(d)所示，只有在 F_{R43} 切在摩擦圆上方，对 D 点的力矩的方向才是顺时针的，才能和 ω_3 相反。对于构件 1，受力 F_{R21} 应与 M_1 平衡，且 $F_{R41} = -F_{R21}$。

（2）根据各构件平衡条件确定各力的大小。

如图 4.10(c)所示，对于构件 1，$F_{R21} = -M_1 / L$；对于构件 3，$M_3 = F_{R23}L'$。

【例 4.4】 曲柄滑块机构考虑摩擦时的受力分析。如图 4.11(a)所示，已知各构件的尺寸（包括转动副的半径 r）、各运动副中的摩擦因数 f、作用在滑块 3 上的水平阻力 F，试求在图示位置时各运动副中的反力和在曲柄 1 上的平衡力矩 M（不计各杆重力、惯性力）。

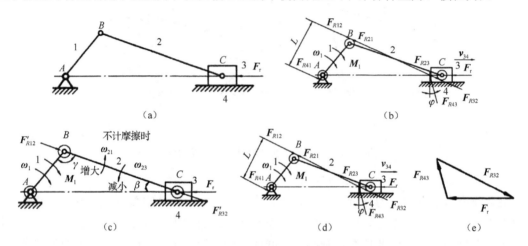

图 4.11　考虑摩擦时对曲柄滑块机构的受力分析

解： 图 4.11(a)中已有阻抗力，故在曲柄 1 处应有驱动力，并且驱动力的方向和曲柄转向一致。构件上作用两个力，称为二力杆；构件上作用三个力，称为三力杆。

（1）确定运动副中的总反力。

先由已知条件作出转动副的摩擦圆，并求出移动副的摩擦角 φ。首先找二力杆，连杆 2 即二力杆，受到曲柄 1 对它的总反力 F_{R12} 和滑块 3 对它的总反力 F_{R23}，据题意判断连杆 2 受压，连杆 2 受的两个作用力方向相对，不计摩擦时，连杆 2 受力如图 4.11(b)所示。如图 4.11(c)所示，根据标角度 γ 和 β 的方法确定 F_{R12}、F_{R23} 和摩擦圆相切的方向，当曲柄 1 顺时针运动时，γ 增大，β 减小，可确定连杆 2 相对于曲柄 1 逆时针方向运动（ω_{21} 逆时针），连杆 2 相对于滑块 3 顺时针方向运动（ω_{23} 顺时针）。滑块 3 受到 3 个力，根据力学知识，这三力汇交一点。如图 4.11(d)所示，各构件受力如下：连杆 2 属于二力杆，受压，且 $F_{R12} = -F_{R23}$；滑块 3 属于三力杆，受到三力 F_r、F_{R23} 及 F_{R43} 且应汇于一点；曲柄 1 受到两力 F_{R21}、F_{R41} 且应与 M_1 平衡，且 $F_{R41} = -F_{R21}$。

（2）根据各构件力平衡条件确定各力的大小。

对于滑块 3，$F_r + F_{R23} + F_{R43} = 0$，作力的三角形如图 4.11(e)所示，用图解可求得 F_{R23} 和 F_{R43}，曲柄根据平衡力偶可得 $M_1 = F_{R12}L$。

在考虑摩擦进行机构力分析时，关键是确定运动副中总反力的方位。一般都从二力构件作起。但有些情况下无二力构件，运动副中总反力的方向不能直接定出，因而无法求解。在此情况下，可以采用逐次逼近的方法，即首先完全不考虑摩擦确定出运动副中的反力，然后根据这些反力求出各运动副中的摩擦力，并把这些摩擦力也作为已知外力，重新进行计算。为了求得更为精确的结果，可重复上述步骤直至满意。

4.3 不考虑摩擦时的机构受力分析

4.3.1 构件惯性力的确定

对于高速及重型机械，由于其惯性力很大，往往大大超过其他外力，因此不能忽略惯性力，这时需对机构作动态静力分析。

构件惯性力的确定有如下两种方法。

1. 一般力学方法

在机械运动过程中，各构件产生的惯性力不仅与各构件的质量 m_i、绕过质心轴的转动惯量 J_{si}、质心 S_i 的加速度 a_{si} 及构件的角加速度 a_i 等有关，还与构件的运动形式有关。现以图 4.12 所示的曲柄滑块机构为例，说明各构件惯性力的确定方法。

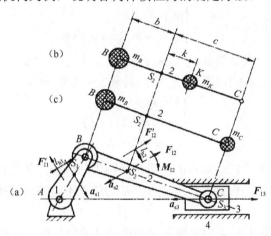

图 4.12 质量代换

1）做平面复合运动的构件

对于做平面复合运动且具有平行于运动平面的对称面的构件（如连杆 2），其惯性力系可简化为一个加在质心 S_2 上的惯性力 F_{I2} 和一个惯性力偶矩 M_{I2}，即

$$F_{I2} = -m_2 a_{s2}, \quad M_{I2} = -J_{s2}\alpha_2 \tag{4.15}$$

也可将其再简化为一个大小等于 F_{I2} 而作用线偏离质心 S_2 一距离 l_{h2} 的总惯性力 F_{I2}，且

$$l_{h2} = M_{I2}/F_{I2} \tag{4.16}$$

F_{I2} 对质心 S_2 之矩的方向应与 α_2 的方向相反。

2）做平面移动的构件

如滑块 3，当其做变速移动时，仅有一个加在质心 S_3 上的惯性力 $F_{I3} = -m_3 a_{s3}$。

3）绕定轴转动的构件

如曲柄 1，若其轴线不通过质心，当构件为变速转动时，其上作用有惯性力 $F_{I1} = -m_1 a_{s1}$ 及惯性力偶矩 $M_{I1} = -J_{s1}\alpha_1$，或简化为一个对质心 S_1 之矩为 $F_{I1}l_{h1}$ 的总惯性力 F_{I1}'；如果回转轴线通过构件质心，则只有惯性力偶矩 $M_{I1} = -J_{s1}\alpha_1$。

2. 质量代换法

用上一种方法确定构件的惯性力，需求出构件的质心加速度 a_{si} 及角加速度 α_i，这在对机构一系列位置进行力分析时相当烦琐。为了简化构件惯性力的确定，可以设想把构件的质量按一定条件用集中于构件上某几个选定点的假想集中质量来代替，这样便只需求各集中质量的惯性力，而无需求惯性力偶矩，从而使构件惯性力的确定简化，这种方法称为质量代换法。假想的集中质量称为代换质量，代换质量所在的位置称为代换点。为使质量代换前后构件的惯性力和惯性力偶矩保持不变，应满足下列 3 个条件：

(1) 代换前后构件的质量不变；

(2) 代换前后构件的质心位置不变；

(3) 代换前后构件对质心轴的转动惯量不变。

根据上述 3 个代换条件，若对连杆 BC 的分布质量用集中在 B、K 两点的集中质量 m_B、m_K 来代换（图 4.12(b) 中 B、S_2、K 三点位于同一直线上），则可列出下列 3 个方程式：

$$\begin{cases} m_B + m_K = m_2 \\ m_B b = m_K k \\ m_B b^2 + m_K k^2 = J_{s2} \end{cases} \tag{4.17}$$

在此方程组中有 4 个未知量(b、k、m_B、m_K)、3 个方程，故有一个未知量可任选。在工程上，一般先选定代换点 B 的位置(选定 b)，其余 3 个未知量为

$$\begin{cases} k = J_{s2} / (m_2 b) \\ m_B = m_2 k / (b+k) \\ m_K = m_2 b / (b+k) \end{cases} \tag{4.18}$$

这种同时满足上述 3 个代换条件的质量代换称为动代换，其优点是在代换后构件的惯性力和惯性力偶矩都不会发生改变。但其代换点 K 的位置不能随意选择，否则会给工程计算带来不便。

为了便于计算，工程上常采用只满足前两个条件的静代换。这时，两个代换点的位置均可任选(图 4.12(c))，即可同时选定 b、c，则有

$$\begin{cases} m_B = m_2 c / (b+c) \\ m_C = m_2 b / (b+c) \end{cases} \tag{4.19}$$

因静代换不满足代换的第三个条件，故在代换后，构件的惯性力偶矩会产生一些误差，但此误差能为一般工程计算所接受。因其使用上具有简便性，故更常为工程上所采纳。质量代换法主要应用于绕非质心轴转动的构件和做平面复杂运动的构件。代换点常选择在加速度容易求得的点上，如转动副中心等。

4.3.2 不考虑摩擦时对机构进行动态静力分析

机构力分析可以确定运动副中的反力和需加于机构上的平衡力。然而，由于运动副反力对整个机构来说是内力，故不能就整个机构进行力分析，而必须将机构分解为若干构件组，然后逐个进行分析。不过，为了能以静力学方法将构件组中所有力的未知量确定出来，构件组必须满足静定条件。

1. 构件组的静定条件

在不考虑摩擦时，转动副中的反力通过转动副中心，大小和方向未知；移动副中的反力沿导路法线方向，作用点的位置和大小未知；平面高副中的反力作用于高副两元素接触点处的公法线上，仅大小未知。因此，如果在构件组中共含有 n 个构件、p_1 个低副和 p_h 个高副，则总的未知量数目便为 $2p_1+p_h$ 个。由于对做平面运动的每一构件总可写出 3 个平衡方程式，所以整个构件组可写出 $3n$ 个平衡方程式。当平衡方程式和未知量的数目相等时，此构件组便符合静定条件，即

$$3n = 2p_1 + p_h \tag{4.20}$$

这与前述的基本杆组的条件相同，即基本杆组都满足静定条件。因此，在机构力分析时，首先应该划分杆组。

2. 用图解法作机构的动态静力分析

在对机构作动态静力分析时，需先对机构做运动分析以确定在所要求位置时各构件的角加速度和质心加速度，再求出各构件的惯性力，并把惯性力视为加于构件上的外力，然后根据各基本杆组列出一系列力平衡矢量方程，最后选取力比例尺 μ_F（即图中每单位长度所代表的力的大小，单位为 N/mm）作图求解。分析一般由外力全部已知的构件组开始，逐步推算到未知平衡力作用的构件。下面举例具体说明。

【例 4.5】 在图 4.13(a) 所示的曲柄滑块机构中，已知各构件的尺寸、曲柄 1 绕其转动中心 A 的转动惯量 J_A（质心 S_1 与 A 点重合）、连杆 2 的重量 G_2、转动惯量 J_{s2}（质心 S_2 在杆 BC 的 1/3 处）、滑块 3 的重量 G_3（质心 S_3 在 C 点处）。原动件 1 以角速度 ω_1 和角加速度 α_1 顺时针方向回转，作用于滑块 3 上 C 点的生产阻力为 F_r，各运动副的摩擦忽略不计。求机构在图示位置时各运动副中的反力以及需加在曲柄 1 上的平衡力矩 M_b。

解： (1) 对机构进行运动分析。

选定长度比例尺 μ_l、速度比例尺 μ_v，以及加速度比例尺 μ_a，作出机构的运动简图、速度图及加速度图，分别如图 4.13(a)~(c) 所示。

(2) 确定各构件的惯性力及惯性力偶矩。

作用在曲柄 1 上的惯性力偶矩为 $M_{12} = J_A \alpha_1$（逆时针）；作用在连杆 2 上的惯性力及惯性力偶矩分别为 $F_{12} = m_2 a_{s2} = (G_2 / g) \mu_a \overline{p's_2'}$ 和 $M_{12} = J_{s2} \alpha_2 = J_{s2} a_{CB}^t / l_2 = J_{s2} \mu_a \overline{n_2'c'} / l_2$，总惯性力 $F_{12}' (= F_{12})$ 偏离质心 S_2 的距离为 $h_2 = M_{12} / F_{12}$，其对 S_2 之矩的方向与 α_2 的方向相反（逆时针）；而作用在滑块 3 上的惯性力为 $F_{13} = m_3 a_C = (G_3 / g) \mu_a \overline{p'c'}$（方向与 a_C 反向）。上述各惯性力及各构件重力如图 4.13(a) 所示。

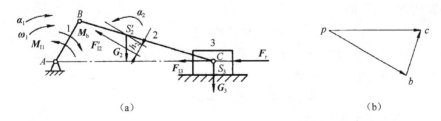

(a)　　　　　　　　　　　　　　　　　　　　(b)

图 4.13　曲柄滑块机构的动态静力分析

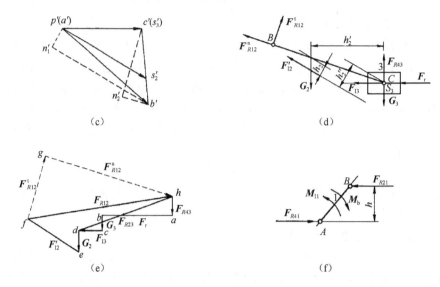

图 4.13　曲柄滑块机构的动态静力分析(续)

(3)作动态静力分析。

按静定条件将机构分解为一个基本杆组 2、3 和作用有未知平衡力的构件 1，并由杆组 2、3 开始进行分析。

先取杆组 2、3 为分离体，如图 4.13(d)所示。其上受有重力 G_2 及 G_3、惯性力 F'_{12} 及 F_{13}、生产阻力 F_r 以及待求的运动副反力 F_{R12} 和 F_{R43}。因不计及摩擦力，F_{R12} 过转动副 B 的中心。将 F_{R12} 分解为沿杆 BC 的法向分力 F_{R12}^{n} 和垂直于杆 BC 的切向分力 F_{R12}^{t}，而 F_{R43} 则垂直于移动副的导路方向。将连杆 2 对 C 点取矩，由 $\sum M_C = 0$，可得 $F_{R12}^{t} = (G_2 h'_2 - F'_{12} h''_2)/l_2$，再根据整个构件组的力平衡条件得

$$F_{R43} + F_r + G_3 + F_{13} + G_2 + F'_{12} + F_{R12}^{t} + F_{R12}^{n} = 0$$

上式中仅 F_{R43} 及 F_{R12}^{n} 的大小未知，故可用图解法求解(图 4.13(e))。选定比例尺 μ_F，从点 a 依次作矢量 ab、bc、cd、de、ef 和 fg 分别代表力 F_r、G_3、F_{13}、G_2、F'_{12} 和 F_{R12}^{t}，然后分别由点 a 和点 g 作直线 ha 和 gh 分别平行于力 F_{R43} 和 F_{R12}^{n}，其相交于点 h，则矢量 ha 和 fh 分别代表 F_{R43} 和 F_{R12}，即

$$F_{R43} = \mu_F ha, \quad F_{R12} = \mu_F fh$$

为了求得 F_{R23}，可根据滑块 3 的力平衡条件，即 $F_{R43} + F_r + G_3 + F_{13} + F_{R23} = 0$，并由图 4.13(e)可知，矢量 dh 代表 F_{R23}，即

$$F_{R23} = \mu_F dh$$

再取曲柄 1 为分离体(图 4.13(f))。其上作用有运动副反力 F_{R21} 和待求的运动副反力 F_{R41}、惯性力偶矩 M_{I1} 及平衡力矩 M_b。将曲柄 1 对 A 点取矩，有

$$M_b = M_{I1} + F_{R21} h (顺时针)$$

再由曲柄 1 的力的平衡条件，有

$$F_{R41} = -F_{R21}$$

第5章 机械的效率和自锁

机械在运转过程中，由于运动副中存在摩擦，驱动力所做的功总有一部分要消耗在克服有害阻力上而变为损耗功，这会降低机械效率。研究机械中的摩擦及其对机械效率的影响，对改善机械运转性能和提高机械效率有重要意义。

5.1 机械的效率

作用在机械上的力可分为驱动力、生产阻力和有害阻力 3 种。通常将驱动力所做的功称为输入功(或驱动功)，克服生产阻力所做的功称为输出功(或有效功)，克服有害阻力所做的功称为损耗功。在机械稳定运转时期，输入功等于输出功与损耗功之和，即

$$W_\mathrm{d} = W_\mathrm{r} + W_\mathrm{f} \tag{5.1}$$

机械的输出功与输入功之比称为机械效率，它反映输入功在机械中的有效利用程度，以 η 表示，为

$$\eta = W_\mathrm{r} / W_\mathrm{d} = 1 - W_\mathrm{f} / W_\mathrm{d} \tag{5.2}$$

用功率表示时为

$$\eta = P_\mathrm{r} / P_\mathrm{d} = 1 - P_\mathrm{f} / P_\mathrm{d} \tag{5.3}$$

式中，P_d、P_r、P_f 分别为输入功率、输出功率及损耗功率。

因为损耗功 W_f 或损耗功率 P_f 不可能为零，所以由式(5.2)及式(5.3)可知机械的效率总是小于 1 的，且 W_f 或 P_f 越大，机械的效率就越低。因此在设计机械时，为了使其具有较高的机械效率，应尽量减少机械中的损耗，主要是减少摩擦损耗。

机械效率也可以用力或力矩的形式表达。图 5.1 为一机械传动装置的示意图，设 F 为驱动力，G 为生产阻力，v_F 和 v_G 分别为 F 和 G 的作用点沿该力作用线方向的分速度，于是根据式(5.3)可得

$$\eta = P_\mathrm{r} / P_\mathrm{d} = G v_G / (F v_F) \tag{5.4}$$

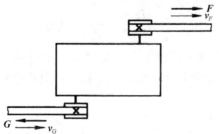

图 5.1　传动装置的示意图

假设在该机械中不存在摩擦(这样的机械称为理想机械)。为克服同样的生产阻力 G，其所需的驱动力 F_0 称为理想驱动力，而同样的驱动力 F 所能克服的生产阻力 G_0 称为理想生产

阻力。对理想机械来说，其效率 η_0 应等于 1，即

$$\eta_0 = Gv_G / (F_0 v_F) = 1 \tag{5.5}$$

将其代入式(5.4)，得

$$\eta = F_0 v_F / (Fv_F) = F_0 / F \tag{5.6}$$

式(5.6)说明，机械效率等于理想驱动力 $\boldsymbol{F_0}$ 与实际驱动力 $\boldsymbol{F}$ 之比，也等于实际生产阻力 $\boldsymbol{G}$ 与理想生产阻力 $\boldsymbol{G_0}$ 之比。同理，机械效率也可以用力矩之比的形式来表达，即

$$\eta = M_0 / M \tag{5.7}$$

式中，M_0 和 M 分别表示为了克服同样生产阻力所需的理想驱动力矩和实际驱动力矩。综合式(5.6)与式(5.7)可得

$$\eta = \frac{理想驱动力}{实际驱动力} = \frac{理想驱动力矩}{实际驱动力矩} \tag{5.8}$$

应用式(5.4)来计算机构的效率十分简便，如对于图 4.2 所示的斜面机构，正行程时，机械效率为

$$\eta = F_0 / F = \tan\alpha / \tan(\alpha + \varphi) \tag{5.9}$$

式中，理想驱动力 $F_0 = G\tan\alpha$，可令实际驱动力 F 计算式(4.4)中的摩擦角 $\varphi = 0$ 而求得。

斜面机构反行程(图 4.3)的机械效率(此时 G 为驱动力)为

$$\eta' = G_0 / G = \tan(\alpha - \varphi) / \tan\alpha \tag{5.10}$$

式中，理想驱动力 G_0 可令式(4.5)中的 $\varphi = 0$ 而求得。

又如图 4.4 所示的螺旋机构，采用上述类似方法，即可求得拧紧和放松螺母时的效率计算式分别为

$$\eta = \tan\alpha / \tan(\alpha + \varphi_v) \tag{5.11}$$

$$\eta' = \tan(\alpha - \varphi_v) / \tan\alpha \tag{5.12}$$

上述机械效率及其计算主要是指一个机构或一台机器的效率。对于由多个机构或机器组成的机械系统的效率，可根据组成系统的各机构或机器的效率计算求得。若干机构或机器组合为机械系统的方式一般有串联、并联和混联 3 种，其机械效率的计算也有 3 种方法。

1. 串联

图 5.2 为 k 个机器串联组成的机组。设各机器的效率分别为 $\eta_1, \eta_2, \cdots, \eta_k$，机组的输入功率为 P_d，输出功率为 P_r。这种串联机组功率传递的特点是前一机器的输出功率即后一机器的输入功率。故串联机组的机械效率为

$$\eta = \frac{P_r}{P_d} = \frac{P_1}{P_d}\frac{P_2}{P_1}\cdots\frac{P_k}{P_{k-1}} = \eta_1\eta_2\cdots\eta_k \tag{5.13}$$

即串联机组的总效率等于组成该机组的各个机器效率的连乘积。由此可见，只要串联机组中任一机器的效率很低，就会使整个机组的效率极低；且串联机器的数目越多，机械效率也越低。

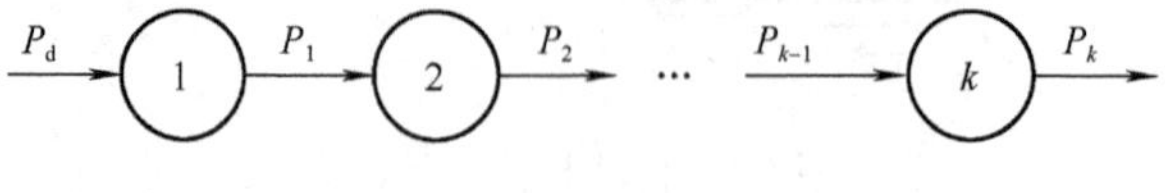

图 5.2　串联机组

2. 并联

图 5.3 为由 k 个机器并联组成的机组。设各机器的效率分别为 $\eta_1, \eta_2, \cdots, \eta_k$，输入功率分别

为 $P_1, P_2, \cdots, P_k$ ，则各机器的输出功率分别为 $P_1\eta_1, P_2\eta_2, \cdots, P_k\eta_k$ 。这种并联机组的特点是机组的输入功率为各机器的输入功率之和，而其输出功率为各机器的输出功率之和。于是，并联机组的机械效率应为

$$\eta = \frac{\sum P_{ri}}{\sum P_{di}} = \frac{P_1\eta_1 + P_2\eta_2 + \cdots + P_k\eta_k}{P_1 + P_2 + \cdots + P_k} \tag{5.14}$$

式 (5.14) 表明，并联机组的总效率 η 不仅与各机器的效率有关，而且与各机器所传递的功率有关。设在各机器中效率最高者及最低者的效率分别为 η_{max} 及 η_{min} ，则 $\eta_{min} < \eta < \eta_{max}$ 并且机组的总效率 η 主要取决于传递功率最大的机器的效率。由此可得出结论，要提高并联机组的效率，应着重提高传递功率大的传动路线的效率。

3. 混联

图 5.4 为兼有串联和并联的混联机组。为了计算其总效率，可先将输入功至输出功的路线弄清，然后分别计算出总的输入功率 $\sum P_d$ 和总的输出功率 $\sum P_r$ ，则其总机械效率为

$$\eta = \sum P_r / \sum P_d \tag{5.15}$$

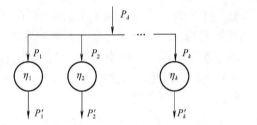

图 5.3　并联机组

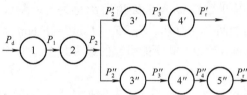

图 5.4　混联机组

【例 5.1】 图 5.5 为一混联机组示意图。设其中各单机的效率分别 $\eta_1 = \eta_2 = 0.98$ ， $\eta_3 = 0.76$ ， $\eta_4 = \eta_5 = 0.96$ ，并已知输出功率分别为 $N_{r1} = 0.4\text{kW}$ ， $N_{r2} = 6\text{kW}$ 。试求该混联机组的机械效率。

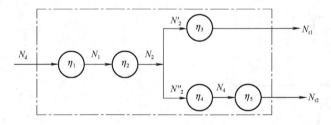

图 5.5　混联机组示意图

解： 在只有单机 3 的传动支路中， N_2' 为输入功率， N_{r1} 为输出功率，所以

$$N_2' = \frac{N_{r1}}{\eta_3} = \frac{0.4}{0.76} = 0.526(\text{kW})$$

同理，在由单机 4 和 5 串联组成的传动支路中

$$N_2'' = \frac{N_{r2}}{\eta_4\eta_5} = \frac{6}{0.96^2} = 6.510(\text{kW})$$

而在由单机 1 和 2 串联的传动线路中，输出功率为 $N_2 = N_2' + N_2''$ ，输入功率为 N_d ，所以

$$N_d = \frac{N_2' + N_2''}{\eta_1\eta_2} = \frac{0.526 + 6.510}{0.98^2} = 7.326(\text{kW})$$

对于整个混联机组，N_d 为总的输入功率， $N_{r1} + N_{r2}$ 为总的输出功率，所以整个混联机组总的效率为

$$\eta = \frac{N_{r1} + N_{r2}}{N_d} = \frac{0.4 + 6}{7.326} = 0.874$$

5.2　机械的自锁

在实际机械中，由于存在摩擦，会出现无论施加多大的驱动力，都不能使机械沿驱动力方向产生运动的现象，这种现象称为机械自锁。自锁现象在机械工程中具有十分重要的意义。一方面，机械应在某方向上具有自锁特性，以满足生产及安全的要求。如图 5.6 所示，螺旋千斤顶在驱动力矩 $M_d = PL$ 作用下，升起重物 Q；当去掉 M_d 后，在重物 Q 的重力作用下，螺旋千斤顶不能松退，即重物 Q 不能下降，此时螺旋千斤顶具有反行程自锁性能，以保证正常工作和安全。另一方面，为使机械能实现预期的运动，设计机械时必须避免自锁现象的发生。为此必须对机械发生自锁的原因和自锁条件进行研究，以便消除和利用自锁现象。

如图 5.7 所示，滑块 1 与平台 2 组成移动副。设 F 为作用于滑块 1 上的驱动力，它与接触面的法线 nn 间的夹角为 β（称为传动角），而摩擦角为 φ。将力 F 分解为沿接触面切向和法向的两个分力 F_t、F_n。$F_t = F\sin\beta = F_n\tan\beta$ 是推动滑块 1 运动的有效分力；而 F_n 只能使滑块 1 压向平台 2，其所能引起的最大摩擦力为 $F_{f\max} = F_n\tan\varphi$，因此，当 $\beta \leqslant \varphi$ 时，有

$$F_t \leqslant F_{f\max} \tag{5.16}$$

即在 $\beta \leqslant \varphi$ 的情况下，不管驱动力 F 如何增大（方向维持不变），驱动力的有效分力 F_t 总小于驱动力 F 本身所可能引起的最大摩擦力，因而总不能推动滑块 1 运动，这就是自锁现象。因此，在移动副中，如果作用于滑块上的驱动力作用在其摩擦角之内（$\beta \leqslant \varphi$）则发生自锁，这就是移动副发生自锁的条件。

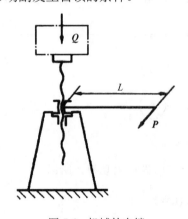

图 5.6　机械的自锁

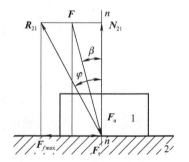

图 5.7　移动副的自锁

又如图 5.8 所示，轴颈 1 和轴承 2 组成转动副，设作用在轴颈上的外载荷为一单力 F，当 $a \leqslant \rho$，即力 F 的作用线在摩擦圆之内时，由于驱动力矩 $M = Fa$ 总小于由它本身产生的摩擦阻力矩 $M_f = F\rho$，故此时无论 F 如何增大（力臂 a 保持不变）也不能使轴颈转动，即出现了自锁现象。

上面讨论了单个运动副发生自锁的条件。对于一个机械来说，还可根据如下条件之一来判断机械是否会发生自锁。

(1) 由于当机械自锁时，机械已不能运动，所以这时它所能克服的生产阻力 $G \leqslant 0$。故可利用当驱动力任意增大时 $G \leqslant 0$ 是否成立来判断机械是否自锁。

(2) 由于当机械发生自锁时，驱动力所能做的功 W_d 总不足以克服其所能引起的最大损失功 W_f，而根据式 (5.2) 知，这时 $\eta \leqslant 0$。因此，当驱动力任意增大恒有 $\eta \leqslant 0$ 时，机械将发生自锁。

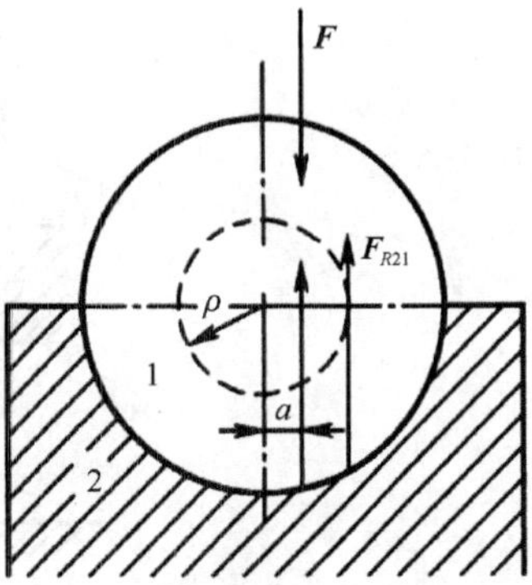

下面举例说明如何确定机械的自锁条件。

图 5.8　转动副的自锁

【例 5.2】　螺旋千斤顶。

如前所述，图 5.6 所示螺旋千斤顶在物体的重力作用下应具有自锁性，其自锁条件可如下求得。

螺旋千斤顶在物体的重力作用下运动时的阻抗力矩 M' 可按式 (4.9) 计算，即

$$M' = d_2 G \tan(\alpha - \varphi_v) / 2$$

令 $M' \leqslant 0$（驱动力 G 为任意值），则得

$$\tan(\alpha - \varphi_v) \leqslant 0, \quad 即 \alpha \leqslant \varphi_v$$

此即螺旋千斤顶在物体的重力作用下的自锁条件。

【例 5.3】　图 5.9 所示的斜面压榨机中，在滑块 2 上施加一主动力 P，即可产生一夹紧力 Q 将物体 4 压紧。设各接触面的摩擦角均为 φ，当力 P 撤去后，试确定该机构在力 Q 作用下的自锁条件。

解：根据各接触面间的相对运动趋势，作出各接触面间的反作用力，如图 5.9(a) 所示。然后分别取构件 2、3 为分离体，列出力平衡方程 $Q + R_{13} + R_{23} = 0$，$P + R_{12} + R_{32} = 0$，并作出力多边形，如图 5.9(b) 所示。于是由正弦定律可得

$$P = \frac{R_{32} \sin(\alpha - 2\varphi)}{\cos\varphi}$$

$$Q = \frac{R_{23} \cos(\alpha - 2\varphi)}{\cos\varphi}$$

因为 $R_{23} = R_{32}$，所以 $P = Q \tan(\alpha - 2\varphi)$。

令 $P \leqslant 0$，得 $\tan(\alpha - 2\varphi) \leqslant 0$，即 $\alpha \leqslant 2\varphi$。

此时无论驱动力 Q 如何增大，始终有 $P \leqslant 0$，所以 $\alpha \leqslant 2\varphi$ 为斜面压榨机在力 Q 作用下（反行程时）的自锁条件。

机械的自锁只是在一定的受力条件下和受力方向下发生的，而在另外的情况下却是可动的，如图 5.9 所示的斜面压榨机，要求在力 Q 作用下自锁，但在力 P 的作用下滑块 2 可向左移动而使物体 4 压紧，力 P 反向也可使滑块 2 松退出来，即力 P 为驱动力时斜面压榨机是不自锁的，这就是机械自锁的方向性。

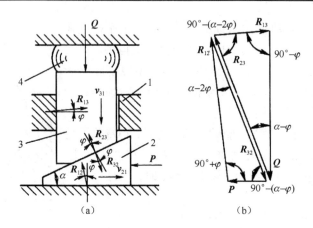

图 5.9　斜面压榨机

【例 5.4】　在图 5.10 所示偏心圆盘夹紧机构中，1 为偏心圆盘，2 为待夹紧的工件，3 为夹具体。在驱动力 F 的作用下夹紧工件，当力 F 去掉后，在总反力 R_{21} 的作用下，工件不应自动松脱，即要求该机构的反行程必须满足自锁要求，试设计该夹具。

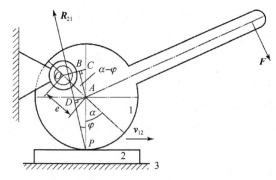

图 5.10　偏心夹具

解：该机构若能满足自锁要求，关键问题是确定偏心圆盘的转动中心 O 点的位置。

设偏心圆盘的半径为 r_1，转动副摩擦圆半径为 ρ，偏心圆盘与工件的摩擦角为 φ，轴颈转动中心 O 到偏心盘几何中心 A 的距离为 e。如果反行程能自锁，则总反力 R_{21} 与转动中心 O 处摩擦圆相割，极限位置为相切，由图 5.10 中的几何关系有

$$e\sin(\alpha-\varphi)-r_1\sin\varphi \leqslant \rho$$

进一步

$$e\sin(\alpha-\varphi) \leqslant r_1\sin\varphi + \rho$$

式中，r_1、φ、ρ 均为已知数据或可以求出的数据，选择适当的 e 和 α 后，便可设计出该自锁机构。

第6章 机械的平衡

6.1 机械平衡的目的及内容

1. 机械平衡的目的

机械在运转时，活动构件中大多会产生不平衡的惯性力(或惯性力矩)。这不仅会在运动副中引起附加的动压力，增大运动副中的摩擦磨损，降低机械的效率，而且会在构件中引起附加的动应力，影响构件的强度，缩短使用寿命。此外，由于这些惯性力的大小和方向一般都是周期性变化的，这必将引起机械及其基础产生强迫振动，从而导致机械的工作质量、工作精度和可靠性下降，并产生噪声污染。特别是当振动频率接近机械系统的固有频率时，还会引起共振，使机械系统难以正常工作，严重时可能会使机械设备遭到破坏，甚至会危及周围设备、建筑及人员的安全。

因此，机械平衡的目的就是通过研究机械中惯性力的变化规律，设法减小甚至消除不平衡惯性力和惯性力矩所带来的不良影响，以改善机械的工作性能、提高机械的工作质量、延长机械的使用寿命和改善现场的工作环境等。目前，机械的平衡已成为现代机械中一个非常重要的问题，在高速和精密机械中表现得尤为突出。

2. 机械平衡的内容

机械设计时，除应保证满足机械的功能要求及制造工艺性要求外，还应在结构上考虑消除或减少可能导致有害振动的不平衡惯性力与惯性力矩。经过理论计算达到平衡的机械，由于制造、安装的误差及材质不均匀等非设计因素的影响，往往仍会产生不平衡现象。因此，工程实际中必须通过实验进行检测与校正。

由于机械中各构件的运动(回转运动、往复运动、平面复合运动等)和结构等不同，其所产生的惯性力以及平衡方法也不同。通常机械的平衡可分为下面两类。

1) 转子的平衡

机械中有许多构件是绕固定轴线回转的，此类做回转运动的构件称为回转件，亦称转子。例如，电动机、发电机、离心泵、汽轮机等机械都以转子作为工作的主体。这类构件的不平衡惯性力可利用在该构件上增加或除去一部分质量的方法加以平衡，即通过调整构件质心位置的方法，达到消除或减小惯性力不平衡的目的。

转子分刚性转子和挠性转子。

(1)刚性转子的平衡。在一般机械中，转动构件的刚性都比较好，首次出现共振的转速 n_{c1} 较高，其实际工作转速通常都低于 $(0.6\sim0.75)n_{c1}$。此类在工作时产生的弹性变形甚小的构件称为刚性转子，刚性转子的平衡是本章讨论的主要对象。

刚性转子的平衡按理论力学中的力系平衡问题来解决，有静平衡和动平衡两种。

① 如果只要求刚性转子的惯性力平衡，则称为刚性转子的静平衡。

② 如果同时要求刚性转子的惯性力和惯性力矩平衡，则称为刚性转子的动平衡。

(2)挠性转子的平衡。有些机械(如航空涡轮发动机、汽轮机等)中的大型转子的共振转速

n_{c1} 较低，而实际工作转速又往往很高。通常对于工作转速大于 $(0.6\sim0.75)n_{c1}$ 的转子，在工作时将产生较大的弯曲变形，且其变形量随转速变化，这类转子称为挠性转子。取一根钢制转轴并将其置于实验台上，使其转速逐渐加大，通过测量仪可以观察到，当轴的转速接近某一转速时，轴会产生强烈的振动和较大的挠曲变形，转子越细长，产生强烈振动和出现较大挠曲变形的转速越低，轴在第一次出现强烈振动时的转速称为轴的一阶临界转速 n_{c1}。继续观察可看到，当转子转速超过一阶临界转速后，轴的振动逐渐平息下来，但当转速继续加大到某一数值时，轴又会发生第二次强烈振动、第三次强烈振动……把轴再次产生强烈振动的转速依次称为二阶临界转速、三阶临界转速……挠性转子的平衡问题非常复杂，其平衡原理可利用弹性梁的横向振动理论。

2)机构的平衡

做往复移动或平面复合运动的构件，其所产生的惯性力无法在该构件本身上平衡，而必须就整个机构加以研究，设法使各运动构件惯性力的合力和合力偶得到完全或部分平衡，以消除或降低最终传到机械基础上的不平衡惯性力，故又称这类平衡为机械在机座上的平衡。

6.2　刚性转子的平衡计算

为了使转子得到平衡，在设计时就应通过计算使转子达到静、动平衡。下面分别加以讨论。

6.2.1　刚性转子的静平衡计算

对于轴向尺寸较小的盘状转子(转子轴向宽度 b 与其直径 D 之比 $b/D<0.2$)，如齿轮、盘形凸轮、带轮、叶轮、螺旋桨等，它们的质量可以近似认为分布在垂直于其回转轴线的同一

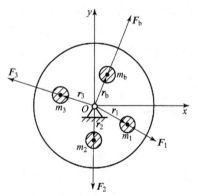

图 6.1　静平衡计算模型

平面内。若其质心不在回转轴线上，当其转动时，偏心质量就会产生离心惯性力。因这种不平衡现象在转子静态时即可表现出来，故称其为静不平衡。对这类转子进行静平衡时，可在转子上增加或除去一部分质量，使其质心与回转轴心重合，即可得以平衡。

图 6.1 为一盘状转子，设由各种原因(如有凸台等)，已知其具有偏心质量 m_1、m_2，各自的回转半径为 r_1、r_2，方向如图所示，转子角速度为 ω，则各偏心质量所产生的离心惯性力为

$$F_{Ii}=m_i\omega^2 r_i,\ i=1,2 \tag{6.1}$$

式中，r_i 为第 i 个偏心质量的矢径。

为了平衡这些离心惯性力，可在转子上加一平衡质量 m_b，使其产生的离心惯性力 F_b，与各偏心质量的离心惯性力 F_I 相平衡。故静平衡的条件为

$$\sum F=\sum F_{Ii}+F_b=0 \tag{6.2}$$

设平衡质量 m_b 的矢径为 r_b，则式(6.2)可化为

$$m_1 r_1+m_2 r_2+m_b r_b=0 \tag{6.3}$$

式中，$m_b r_b$ 称为平衡质径积，为矢量。

对于平衡质径积 $m_b r_b$ 的大小和方位，由 $\sum F_x = 0$ 及 $\sum F_y = 0$ 有

$$(m_b r_b)_x = -\sum m_i r_i \cos \alpha_i \tag{6.4}$$

$$(m_b r_b)_y = -\sum m_i r_i \sin \alpha_i \tag{6.5}$$

式中，α_i 为第 i 个偏心质量 m_i 的矢径 r_i 与 x 轴间的夹角（从 x 轴沿逆时针方向计量），则平衡质径积的大小为

$$m_b r_b = [(m_b r_b)_x^2 + (m_b r_b)_y^2]^{1/2} \tag{6.6}$$

根据转子结构选定 r_b（一般适当选大一些）后，即可定出平衡质量 m_b，而其相位角 α_b 为

$$\alpha_b = \arctan[(m_b r_b)_y / (m_b r_b)_x] \tag{6.7}$$

显然，也可以在 r_b 的反方向 r_b' 处除去一部分质量 m_b' 来使转子得到平衡，只要保证 $m_b r_b = m_b' r_b'$ 即可。

根据以上分析可见，对于静不平衡的转子，只需要在同一个平衡面内增加或除去一个平衡质量即可获得平衡，故又称为单面平衡。

根据上述分析，可得出如下结论。

(1) 刚性转子的静平衡条件为分布于转子上的各偏心质量的离心惯性力的合力为零或其质径积的矢量和为零。

(2) 由于刚性转子的静平衡问题属于平面汇交力系的平衡，无论转子有多少个偏心质量，仅需增加（或减少）一个平衡质量即可达到静平衡。也就是说，对于静不平衡的刚性转子，需增加（或减少）平衡质量的最少数目为1。

6.2.2　刚性转子的动平衡计算

对于轴向尺寸较大（$b/D \geqslant 0.2$）的回转件，如内燃机曲轴（图 6.2）、电机转子和机床主轴等，其偏心质量的分布不能再近似地认为位于同一回转平面内，而应看作分布在若干个回转平面内。这类转子转动时所产生的离心力系不再是平面汇交力系，而是空间汇交力系。因此，单靠在某一回转平面内加一平衡质量的静平衡方法并不能消除这类转子转动时的不平衡。例如，在图 6.2 所示的曲轴中，即使其质心 S 在回转轴线上，满足 $F_1+F_2=0$ 的静平衡条件，由于偏心质量所产生的离心惯性力并不在同一回转平面内，将形成惯性力偶，且该力偶的方向随转子的转动周期性变化，所以仍然是不平衡的。这种不平衡现象只有在转子运转时才能显示出来，故称其为动不平衡。因此，对这类转子，必须使各偏心质量产生的离心力的合力和合力偶都为零，才能达到平衡。

图 6.3（a）为一长转子，根据其结构，已知其偏心质量 m_1、m_2 及 m_3 分别位于回转平面 1、2 及 3 内，它们的回转半径分别为 r_1、r_2 及 r_3，方向如图所示。当此转子以角速度 ω 回转时，它们产生的惯性力 F_1、F_2 及 F_3 将形成一空间力系，故转子动平衡的条件是：各偏心质量（包括平衡质量）产生的惯性力的矢量和为零，以及这些惯性力所构成的力矩矢量和也为零，即

$$\sum F = 0, \quad \sum M = 0 \tag{6.8}$$

由理论力学可知，一个力可以分解为与其相平行的两个分力。如图 6.3（a）所示，以 F_1 为例，可将力 F_1 分解成 F_1'、F_1'' 两个分力，其大小分别为

$$F_1' = F_1 l_1'' / l_1, \quad F_1'' = F_1 l_1' / l_1 \tag{6.9}$$

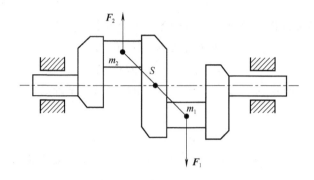

图 6.2　内燃机曲轴

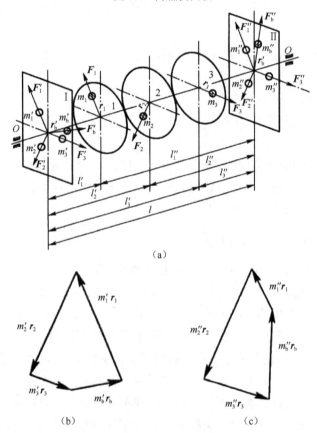

（a）

（b）　　　　　　　　　　（c）

图 6.3　动平衡计算模型

分力方向与 F_1 一致。为了使转子获得动平衡，首先选定两个回转平面 I 及 II 作为平衡基面(将来在这两个面上增加或除去平衡质量)。再将各离心惯性力按上述方法分别分解到平衡基面 I 及 II 内，即将 F_1、F_2、F_3 分解为 F_1'、F_2'、F_3' (在平衡基面 I 内)和 F_1''、F_2''、F_3'' (在平衡基面 II 内)。这样，就把空间力系的平衡问题转化为两个平面汇交力系的平衡问题了。只要在平衡基面 m_b' 及 m_b'' 内适当地各加一平衡质量 m_{bI} 及 m_{bII}，使两平衡基面内的惯性力之和分别为零；这个转子便可得以动平衡。

设在平衡基面 I 和 II 内分别装上质量 m_1' 和 m_2''，其质心的向径都为 r_1，说明 m_1'、m_1'' 和 m_1 的质心都处于过回转轴线包含 r_1 的一个平面内，则 m_1'、m_1'' 和 m_1 在回转时产生的离心力 F_1'、

F_1'' 和 F_1 成为 3 个互相平行的力。欲使 m_1' 和 m_1'' 在回转时能完全代替 m_1，根据平行力的分解与合成原理，F_1'、F_1'' 和 F_1 必须满足如下关系式：

$$F_1' + F_1'' = F_1$$
$$F_1' l_1' = F_1'' l_1''$$

即

$$m_1' \omega^2 r_1 + m_1'' \omega^2 r_1 = m_1 \omega^2 r_1$$
$$m_1' \omega^2 r_1 l_1' = m_1'' \omega^2 r_1 l_1''$$

将 $l_1' + l_1'' = l$ 代入，可得

$$m_1' = \frac{l_1''}{l} m_1$$

$$m_1'' = \frac{l_1'}{l} m_1$$

显然，回转平面 1 内的偏心质量 m_1 可用选定的两个平衡基面 I 和 II 内的两个质量 m_1' 和 m_1'' 代替。同理，回转平面 2、3 内的偏心质量 m_2、m_3 可分别用选定的两个平衡基面 I 和 II 内的两个质量 m_2'、m_3' 和 m_2''、m_3'' 代替，即

$$m_2' = \frac{l_2''}{l} m_2$$

$$m_2'' = \frac{l_2'}{l} m_2$$

$$m_3' = \frac{l_3''}{l} m_3$$

$$m_3'' = \frac{l_3'}{l} m_3$$

因此，上述回转件的不平衡质量可以认为完全集中在 I 和 II 两个平衡基面内。这样就把空间力系的平衡问题转化为两个平面汇交力系的平衡问题了。对于平衡基面 I，其平衡方程为

$$m_b' r_b + m_1' r_1 + m_2' r_2 + m_3' r_3 = 0$$

作矢量图如图 6.3(b)所示。由此求出质径积 $m_b' r_b$，选定 r_b 后即可确定 m_b'。同理，对于平衡基面 II，其平衡方程为

$$m_b'' r_b + m_1'' r_1 + m_2'' r_2 + m_3'' r_3 = 0$$

作矢量图如图 6.3(c)所示。由此求出质径积 $m_b'' r_b$，选定 r_b 后即可确定 m_b''。综上所述可得如下结论。

(1)产生动不平衡的原因是合惯性力、合惯性力偶均不为零(特殊情况下合惯性力为零但合惯性力偶不为零)。

(2)动平衡的条件为转子上各质量的离心力的矢量和等于零，同时离心力所引起的力偶矩的矢量和也等于零。

(3)对于任何动不平衡的刚性转子，不管不平衡质量分布的回转面数有多少，只要按上述方法将各不平衡质量向所选的平衡基面 I 和 II 内分解，总可以在平衡基面 I 和 II 内求出平衡质量 m_b' 和 m_b''。这样，只要在两个平衡基面内的对应位置分别加上求出的平衡质量或在其反方向除去相应的平衡质量，就可使两平衡基面内的惯性力之和分别为零，这个转子就可得以平衡。故动平衡又称为双面平衡。

(4)由于动平衡包含静平衡的条件，故经过动平衡的转子一定是静平衡的；反之静平衡的

转子则不一定是动平衡的,如图 6.3 所示的转子。但对于质量分布在同一回转面内的转子,因离心力在轴面内不存在力臂,故这类转子静平衡后也满足动平衡的条件,如磨床的砂轮和煤(泵叶轮等)。

6.3　刚性转子的平衡实验

在设计时已经考虑过平衡的转子,由于制造和装配的不精确、材质的不均匀等,又会产生新的不平衡。这时,由于不平衡质量的大小和方位不知,故只能用实验的方法来平衡。下面就静、动平衡实验分别加以介绍。

6.3.1　刚性转子的静平衡实验

对于径宽比 $D/b \geqslant 5$ 的刚性转子,一般只需进行静平衡实验,可不必进行动平衡实验校正。静平衡实验所用设备称为静平衡架。图 6.4 和图 6.5 为两种常见的静平衡架,即导轨式静平衡架和圆盘式静平衡架。

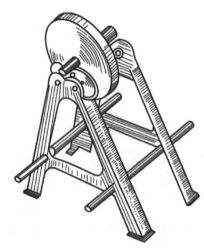

图 6.4　导轨式静平衡架　　　　　　　图 6.5　圆盘式静平衡架

导轨式静平衡架(图 6.4)的主体结构是由位于同一水平面内的两根相互平行的钢制导轨组成的。导轨的端口可做成刀口形、圆弧形或棱柱形,以减少导轨与转子轴径的摩擦,提高平衡精度。静平衡实验时,将转子两端的轴径分别置于两根导轨上。如果转子的质心 S 与其回转轴线不重合,由于重力对转子回转轴线的力矩作用,转子将在导轨上轻轻滚动,直至停止。此时,质心 S 必将位于转子回转轴线的铅垂下方,由此即可确定质心的偏移方向。然后可在质心相反方向的适当位置处增加一平衡质量,并通过调整平衡质量大小的方法反复进行实验,直到转子能在任意位置均保持静止不动,此时刚性转子达到静平衡。导轨式静平衡架具有结构简单、工作可靠和平衡精度较高等优点,基本能满足一般生产需要。但其在工作时要求两导轨相互平行且位于同一水平面内,对安装和调试的要求较高,而且导轨式静平衡架不适用于刚性转子两端轴径不相等的场合。

图 6.5 为圆盘式静平衡架。实验时,先将待平衡转子两端轴径置于圆盘式静平衡架的两个支承上,其中,每个支承均由两个圆盘组成,圆盘可绕其几何中心灵活转动。

如图 6.4 和图 6.5 所示的静平衡实验设备结构简单、操作容易，也能达到一定的平衡精度。但需经过多次反复实验，故工作效率较低。

6.3.2　刚性转子的动平衡实验

图 6.6 为一种动平衡机的工作原理示意图，它主要由驱动及传动系统、转子支承系统和振动测量系统 3 部分组成。在驱动及传动系统中，电动机通过带传动、齿轮传动和万向联轴器 9，带动转子 10 按预先规定的转速转动。

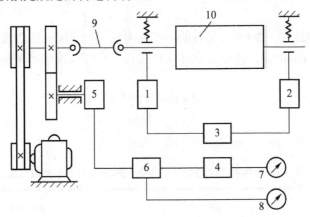

图 6.6　电测式动平衡机的工作原理图

1,2—传感器；3—解算电路；4—放大器；5—基准信号发生器；6—鉴相器；7,8—仪表；9—万向联轴器；10—转子

转子支承系统靠弹簧片悬挂，并构成一个双摆架式弹性振动系统。转子上的不平衡质量所产生的离心惯性力和惯性力矩使该支承系统按一定方式振动，其振动信号由传感器 1、2 拾取。

振动测量系统的主要任务是根据传感器拾取的振动信号，经分析、处理，并最终得到转子不平衡质量的大小和方位。首先，解算电路 3 接收来自传感器 1、2 的振动信号并进行处理，通过放大器 4 将信号放大和选频，使其频率与转子转动的频率相同。然后，将信号分为两路，一路由仪表 7 得到不平衡质径积的大小。与此同时，另一路信号与基准信号发生器 5 产生的电信号一起输入鉴相器 6 并进行处理，最终由仪表 8 读出不平衡质径积所在方位。

上面提到的转子平衡实验都是在专用的平衡机上进行的。但对于一些尺寸很大的重型转子，很难在平衡机上完成平衡。还有些高速转子，虽然在制造期间已完成平衡，但由于安装、运输、工作温度过高或电磁场的影响等，又会发生微小变形而出现新的不平衡。在这些情况下，通常可进行现场平衡，即在现场通过直接测量机械中转子支架的振动，确定不平衡质量的大小和方位并对转子进行平衡。

6.4　转子的许用不平衡量和许用不平衡度

必须指出，转子即使经过平衡实验也不可能达到完全平衡。实际应用中，过高的平衡要求既无必要，又会增加成本。因此，对于不同工作条件的转子需要规定不同的许用不平衡量。

转子的许用不平衡有两种表示方法：一种是用质径积表示的许用不平衡量 $[mr]$（g·mm）；另一种是用偏心距表示的许用不平衡度 $[e]$（μm）。两者的关系为

$$[e] = [mr] / m \tag{6.10}$$

式中，m 为转子质量，kg；r 为偏心质量回转半径，mm。

许用不平衡度是一个与转子质量无关的绝对量，而许用不平衡量是一个与转子质量有关的相对量。通常，对于具体给定的转子，用许用不平衡量较好，因为它比较直观，便于平衡操作。而在衡量转子平衡的优劣或衡量平衡的检测精度时，则用许用不平衡度为好，因为便于比较。

对于不同机械转子的平衡精度要求是不同的，转子的平衡精度用转子平衡品质等级来表示。

表 6.1 是 GB/T 9239.1－2006 所推荐的一些常用机械的平衡品质等级，由表中可查得转子的平衡品质量级($e\omega$)(mm/s)，再用式(6.11)和式(6.12)可分别求得许用不平衡度和许用不平衡量：

$$[e] = 1000(e\omega) / \omega \tag{6.11}$$

$$[mr] = [e]m \tag{6.12}$$

式中，ω 为转子角速度，rad/s；m 为转子质量，kg。

表6.1　各种典型刚性转子的平衡品质等级与平衡品质量级

机械类型：一般示例	平衡品质等级	平衡品质量级 ($e\omega$)/(mm/s)
固有不平衡的大型低速船用柴油机(活塞速度小于9m/s)的曲轴驱动装置	G4000	4000
固有平衡的大型低速船用柴油机(活塞速度小于9m/s)的曲轴驱动装置	G1600	1600
弹性安装的固有不平衡的曲轴驱动装置	G630	630
刚性安装的固有不平衡的曲轴驱动装置	G250	250
汽车、卡车和机车用的往复式发动机整机	G100	100
汽车车轮、轮箍、车轮总成、传动轴，弹性安装的固有平衡的曲轴驱动装置	G40	40
农业机械、刚性安装的固有平衡的曲轴驱动装置、粉碎机、驱动轴(万向传动轴、螺旋桨轴)	G16	16
航空燃气轮机、离心机(分离机、倾注洗涤器)、最高额定转速达 950r/min 的电动机和发电机(轴中心高不低于80mm)、轴中心高低于80mm 的电动机、风机、齿轮、通用机械、机床、造纸机、流程工业机器、泵、透平增压机、水轮机	G6.3	6.3
压缩机、计算机驱动装置、最高额定转速大于950r/min 的电动机和发电机(轴中心高不低于80mm)、燃气轮机和蒸汽轮机、机床驱动装置、纺织机械	G2.5	2.5
声音、图像设备，磨床驱动装置	G1	1
陀螺仪、高精密系统的主轴和驱动件	G0.4	0.4

对于静不平衡的转子，在图纸上直接标出许用不平衡量即可。而对于动不平衡的转子，还要先将许用不平衡量分解到转子的两个支承面 I 、II 上，如图 6.7 所示，两个支承面上的许用不平衡分量分别为

$$[mr]_{\mathrm{I}} = [mr]b / (a+b) \tag{6.13}$$

$$[mr]_{\mathrm{II}} = [mr]a / (a+b) \tag{6.14}$$

式中，a 和 b 为两支承面到转子质心的距离。

应在图纸上分别标出两支承面上各自的许用不平衡量。

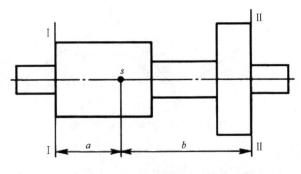

图 6.7　许用不平衡量的分配

6.5　平面机构的平衡

在平面连杆机构中，除了做回转运动的构件外，还有做往复运动和平面复合运动的构件，这些构件在运动中产生的惯性力和惯性力偶矩就不能像转子那样由构件本身加以平衡。其平衡问题必须就整个机构来加以研究。具有往复运动机构的机械很多，如汽车发动机、振动剪床、高速柱塞泵、活塞式压缩机等，这些机械的速度较高，所以平衡问题常会成为决定产品质量的关键问题之一。

当机构运动时，其各运动构件所产生的惯性力可以合成为一个通过机构质心的总惯性力和一个总惯性力偶矩，此总惯性力和总惯性力偶矩全部由基座承受。为了消除机构在基座上引起的动压力，就必须设法平衡此总惯性力和总惯性力偶矩。机构平衡的条件是机构的总惯性力 F_I 和总惯性力偶矩 M_I 分别为零，即

$$F_I = 0, \quad M_I = 0 \tag{6.15}$$

不过，在平衡计算中，总惯性力偶矩对基座的影响应当与外加的驱动力矩和阻抗力矩一并研究(因这三者都将作用到基座上)，但是由于驱动力矩和阻抗力矩与机械的工况有关，单独平衡惯性力偶矩往往没有意义，故这里只讨论总惯性力的平衡问题。

设机构的总质量为 m，其质心 S' 的加速度为 a_s'，则机构的总惯性力 $F_I = -ma_s'$。由于质量 m 不可能为零，所以欲使总惯性力 $F_I = 0$，必须使 $a_s' = 0$，即应使机构的质心静止不动。平面机构惯性力的平衡可分为惯性力的完全平衡和部分平衡。

6.5.1　完全平衡

为了总惯性力的完全平衡，可采取下述措施。

1. 利用平衡机构平衡

图 6.8 所示的机构中，由于其左、右两部分对 A 点完全对称，故可使惯性力在轴承 A 处所引起的动压力得到完全平衡，如某些型号摩托车的发动机就采用了这种布置方式。在图 6.9 所示的 ZG12-6 型高速冷镦机中，就利用与此类似的方法获得了较好的平衡效果，使机器的生产率提高到 350 件/min，而振动仍很小。它的主传动机构为曲柄滑块机构 ABC，平衡装置为四杆机构 $AB'C'D'$，由于杆 $C'D'$ 较长，C' 点的运动近似于直线，加在 C' 点处的平衡质量 m' 相当于滑块 C 的质量 m。利用平衡机构可得到很好的平衡效果，但将使机构的结构复杂，体积大为增加。

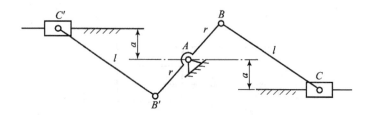

图 6.8 对称曲柄滑块机构平衡

2. 利用平衡质量平衡

在图 6.10 所示的铰链四杆机构中，设构件 1、2、3 的质量分别为 m_1、m_2、m_3，其质心分别位于 S_1、S_2、S_3 处。为了进行平衡，先将构件 2 的质量 m_2 用分别集中于 B、C 两点的两个集中质量 m_{2B} 及 m_{2C} 所代换，由式 (4.19) 得

$$m_{2B} = m_2 l_{CS_2} / l_{BC}$$

$$m_{2C} = m_2 l_{BS_2} / l_{BC}$$

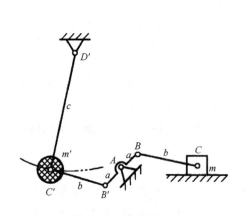

图 6.9 高速冷镦机

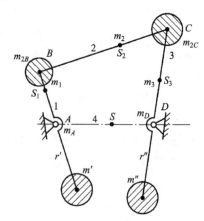

图 6.10 铰链四杆机构的平衡

然后，可在构件 1 的延长线上加一平衡质量 m' 来平衡构件 1 的质量 m_1 和 m_{2B}，使构件 1 的质心移到固定轴 A 处：

$$m' = (m_{2B} l_{AB} + m_1 l_{AS_1}) / r' \tag{6.16}$$

同理，可在构件 3 的延长线上加一平衡质量 m''，使其质心移至固定轴 D 处：

$$m'' = (m_{2C} l_{DC} + m_3 l_{DS_3}) / r'' \tag{6.17}$$

在加上平衡质量 m' 及 m'' 以后，机构的总质心 S 应位于 AD 线上一固定点，即 $\boldsymbol{a}_s = 0$，所以机构的惯性力已得到平衡。

运用同样的方法，可以对图 6.11 所示的曲柄滑块机构进行平衡。为使机构的总质心固定在轴 A 处，m' 及 m'' 为

$$m' = (m_2 l_{BS_2'} + m_3 l_{BC}) / r' \tag{6.18}$$

$$m'' = [(m' + m_2 + m_3) l_{AB} + m_1 l_{AS_1'}] / r'' \tag{6.19}$$

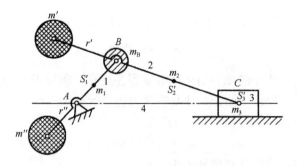

图 6.11　曲柄滑块机构的平衡

综上所述可得如下结论。

(1)利用平衡机构平衡方法和利用平衡质量平衡方法都可以使机构的惯性力得到完全平衡。

(2)利用平衡机构平衡法虽可使机构获得很好的平衡效果，但同时会使机构的体积、重量增加，使结构更加复杂。

(3)利用平衡质量平衡法，要完全平衡 n 个构件的单自由度机构的惯性力，应至少加 $n/2$ 个平衡质量，这将大大增加机构的总质量，尤其是将平衡质量装在做平面复合运动的连杆上时，对结构极为不利。

基于上述特点，在工程实际中许多机构会采用部分平衡法来对机构加以平衡。

6.5.2　部分平衡

部分平衡是只平衡掉机构总惯性力的一部分。

1. 利用近似平衡机构平衡

在图 6.12 所示的机构中，当曲柄 AB 转动时，滑块 C 和 C' 的加速度方向相反，它们的惯性力方向也相反，故可以相互抵消。但由于两滑块运动规律不完全一致，所以只是部分平衡。

在图 6.13 所示的机构中，当曲柄 AB 转动时，两连杆 BC、$B'C'$ 和摇杆 CD、$C'D$ 的惯性力也可以部分抵消。

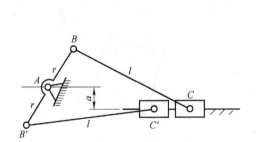

图 6.12　曲柄滑块机构的部分平衡

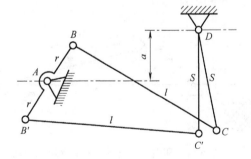

图 6.13　曲柄摇杆机构的部分平衡

2. 利用平衡质量平衡

对图 6.14 所示的曲柄滑块机构进行部分平衡时，先将连杆 2 的质量 m_2 用集中于 B、C 两点的质量 m_{2B}、m_{2C} 代换；再将曲柄 1 的质量 m_1 用集中于 A、B 两点质量 m_{1A}、m_{1B} 来代换。此时，机构产生的惯性力只有两部分：一个是集中在点 B 质量 $m_B = m_{1B} + m_{2B}$ 所产生的离心惯性力 F_B；另一个是集中于点 C 的质量 $m_C = m_{2C} + m_3$ 所产生的往复惯性力 F_C。为了平衡离心

惯性力 F_B，只要在曲柄的延长线上加一平衡质量 m' 即可，故有

$$m' = m_B \frac{l_{AB}}{r}$$

而往复惯性力 F_C 的大小随曲柄 AB 转角 φ 发生变化，所以平衡往复惯性力 F_C 就不像平衡离心惯性力 F_B 那样简单。下面介绍往复惯性力的平衡方法。

由运动分析可得滑块 C 的加速度方程式为

$$a_C \approx -\omega^2 l_{AB} \cos\varphi$$

故集中质量 m_C 所产生的往复惯性力为

$$F_C \approx m_C \omega^2 l_{AB} \cos\varphi$$

为了平衡往复惯性力 F_C，可在曲柄的延长线上距点 A 为 r 处再加一个平衡质量 m''，并使

$$m'' = m_C \frac{l_{AB}}{r}$$

将平衡质量 m'' 产生的离心惯性力 F'' 分解为一个水平分力 F_h'' 和一个垂直分力 F_v''，可得

$$F_h'' = m''\omega^2 r \cos(180° + \varphi) = -m_C \omega^2 l_{AB} \cos\varphi$$

$$F_v'' = m''\omega^2 r \sin(180° + \varphi) = -m_C \omega^2 l_{AB} \sin\varphi$$

由于 $F_h'' = -F_C$，故 F_h'' 已与往复惯性力 F_C 平衡。但此时又增加一个新的不平衡惯性力 F_v''，该垂直方向的惯性力对机械的工作也非常不利，为了减小这个不利因素，可取

$$m'' = \left(\frac{1}{3} \sim \frac{1}{2}\right) m_C \frac{l_{AB}}{r}$$

上述方法只平衡了部分往复惯性力。这样既可减小往复惯性力 F_C 的不良影响，又可使在垂直方向的不平衡惯性力 F_v'' 不致太大，同时所需加的配重也较小，这对机械的工作较为有利。

3. 利用弹簧平衡

在机构中设置附加弹簧可改善机构的某些动力学特性问题，与加平衡质量的方法相比，具有结构简化、减少全机重量、安装调试方便等优点。

如图 6.15 所示，通过合理选择弹簧的刚度系数 k 和弹簧的安装位置，可使连杆 BC 的惯性力得到部分平衡。

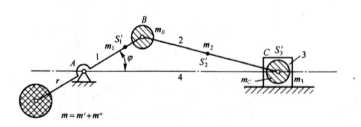 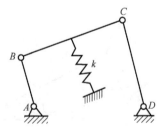

图 6.14　利用平衡质量对曲柄滑块机构部分平衡　　　　图 6.15　利用弹簧平衡

第7章 机械的运转及其速度波动的调节

7.1 概　　述

前面在研究机构的运动分析及力分析时，都假定其原动件的运动规律是已知的，而且一般假设原动件等速运动。但实际上机构原动件的运动规律是由其各构件的质量、转动惯量和作用于其上的驱动力与阻抗力等因素决定的，因而在一般情况下，原动件的速度和加速度是随时间变化的。因此，为了对机构进行精确的运动分析和力分析，需要首先确定机构原动件的真实运动规律。这对于机械设计，特别是高速、重载、高精度和高自动化程度的机械设计是十分重要的。

一般情况下，由于机械原动件并非做等速运动，即机械在运动过程中将会出现速度波动，而这种速度波动会导致在运动副中产生附加的动压力，并引起机械的振动，从而降低机械效率和工作质量，缩短机械的寿命。这就需要对机械运转速度的波动及其调节的方法加以研究，以设法将机械运转速度波动的程度限制在许可的范围之内。综上所述，研究外力作用下机械的真实运动规律和机械运转速度的波动及其调节的方法是本章的主要内容。

由能量守恒定律知，当机械运动时，在任一时间间隔，作用在其上的力所做的功与机械动能增量的关系为

$$W_d - W_r - W_f = E_t - E_0 = \Delta E$$

式中，W_d、W_r、W_f分别为输入功、输出功和损耗功；E_t、E_0分别为时间间隔的终止时刻和初始时刻的动能；ΔE 为该时间间隔的动能增量。

1. 机械运转的三个阶段

下面将首先介绍机械在其运转过程中各阶段的运动状态，以及作用在机械上的驱动力和阻抗力的情况。

1)起动阶段

图 7.1 为机械原动件的角速度 ω 随时间 t 变化的曲线。在起动阶段，机械原动件的角速度 ω 由零逐渐上升，直至达到正常运转速度。在此阶段，由于驱动功 W_d 大于阻抗功 $W_r'(= W_r + W_f)$，所以机械积蓄了动能 E。其功能关系可以表示为

$$W_d = W_r' + E \tag{7.1}$$

2)稳定运转阶段

继起动阶段之后，机械进入稳定运转阶段。在这一阶段中原动件的平均角速度 ω 保持为一常数，而原动件的角速度 ω 通常还会出现周期性波动。就一个周期(机械原动件角速度变化的一个周期又称为机械的一个运动循环)而言，机械的总驱动功与总阻抗功是相等的，即

$$W_d = W_r' \tag{7.2}$$

上述这种稳定运转称为周期变速稳定运转(如活塞式压缩机等机械的运转情况即属此类)。而另外一些机械(如鼓风机、风扇等)原动件的角速度 ω 在稳定运转过程中恒定不变,即 ω = 常数,则称为等速稳定运转。

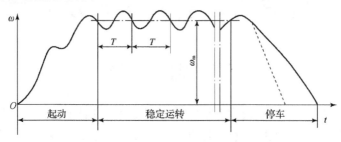

图 7.1 机械运转的三个阶段

3)停车阶段

在机械的停车阶段,驱动功 $W_d = 0$。当阻抗功将机械具有的动能消耗完时,机械将停止运转。其功能关系为

$$E = -W_r' \tag{7.3}$$

一般在停车阶段机械上的生产阻力也不再起作用,为了缩短停车所需的时间,在许多机械上都安装了制动装置。安装制动装置后的停车阶段如图 7.1 中的虚线所示。

起动阶段与停车阶段统称为机械运转的过渡阶段。一些机器对其过渡阶段的工作有特殊要求,如空间飞行器姿态调整要求小推力推进系统响应迅速,发动机的起动、停车等过程要在几十毫秒内完成,这主要取决于控制系统反应的快慢程度(一般在几毫秒内完成)。另外,一些机器在起动和停车时为避免产生过大的动应力和振动而影响工作质量或寿命,在控制上采用软起动方式和自然/紧急等多种停车方式。多数机械是在稳定运转阶段进行工作的,但也有一些机械(如起重机等)的工作过程却有相当一部分是在过渡阶段进行的。

2. 作用在机械上的驱动力和生产阻力

在研究上述问题时,必须知道作用在机械上的力及其变化规律。当构件的重力以及运动副中的摩擦力等可以忽略不计时,作用在机械上的力将只有原动机发出的驱动力和执行构件上所承受的生产阻力。它们随机械工况的不同及所使用的原动机的不同而不同。

各种原动机的作用力(或力矩)与其运动参数(位移、速度)之间的关系称为原动机的机械特性。例如,用重锤作为驱动件时其机械特性为常数;用弹簧作为驱动件时其机械特性是位移的线性函数;而内燃机的机械特性是位置的函数;三相交流异步电动机的机械特性(图 7.2)则是转速的函数。

当用解析法研究机械在外力作用下的运动时,原动机发出的驱动力必须以解析式表示。为此,可以将原动机的机械特性曲线的有关部分近似地以简单的代数多项式表示出来。如图 7.2 中的 BC 曲线部分,可以近似地以通过 N 点和 C 点的直线代替。N 点的转矩 M 为电动机的额定转矩,它所对应的角速度 ω_n 为电动机的额定角速度。C 点对应的角速度

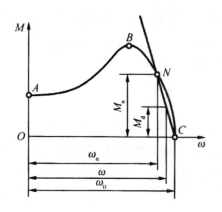

图 7.2 三相交流异步电动机的机械特性曲线

ω_0 为同步角速度，这时电动机的转矩为零。此直线上任意一点所确定的驱动力矩 M_d 可表示为

$$M_d = M_n (\omega_0 - \omega) / (\omega_0 - \omega_n) \tag{7.4}$$

式中，M_n、ω_n、ω_0 可由电动机产品目录中查出。

至于机械执行构件所承受的生产阻力的变化规律，则取决于机械工艺过程的特点，生产阻力可以是常数(如起重机、车床等)，可以是执行构件位置的函数(如曲柄片压力机、活塞式压缩机等)，可以是执行构件速度的函数(如鼓风机、离心泵等)，也可以是时间的函数(如揉面机、球磨机等)。

驱动力和生产阻力涉及许多专业知识，已不属于本课程的范围。在本章讨论中认为外力是已知的。

7.2　机械的运动方程式

7.2.1　机械运动方程的一般表达式

研究机械的运转问题时，需要建立作用在机械上的力、构件的质量、转动惯量和其运动参数之间的函数关系，即建立机械的运动方程。若机械系统用某一组独立的坐标(参数)就能完全确定系统的运动，则这组坐标称为广义坐标。而完全确定系统运动所需的独立坐标的数目称为系统的自由度。对于只有一个自由度的机械，描述它的运动规律只需要一个广义坐标。因此，只需要确定该坐标随时间变化的规律即可。

下面以图 7.3 所示曲柄滑块机构为例说明单自由度机械系统的运动方程的建立方法。

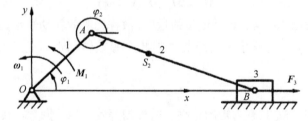

图 7.3　曲柄滑块机构

该机构由 3 个活动构件组成。设已知曲柄 1 为原动件，其角速度为 ω_1。曲柄 1 的质心 S_1 在 O 点，其转动惯量为 J_1；连杆 2 的角速度为 ω_2，质量为 m_2，其对质心 S_2 的转动惯量为 J_{s2}，质心 S_2 的速度为 v_{s2}；滑块 3 的质量为 m_3，其质心 S_3 在 B 点速度为 v_3。则该机构在 dt 瞬间的动能增量为

$$dE = d(J_1 \omega_1^2 / 2 + m_2 v_{s2}^2 / 2 + J_{s2} / 2 + m_3 v_3^2 / 2)$$

又如图 7.3 所示，设在此机构上作用有驱动力矩 M_1 与生产阻力 F_3，在瞬间 dt 所做的功为

$$dW = (M_1 \omega_1 - F_3 v_3) dt = P dt$$

根据动能定理，在某一瞬间机械系统总动能的增量应等于在该瞬间内作用于该机械系统的各外力所做的元功之和，于是可得出此曲柄滑块机构的运动方程式为

$$\mathrm{d}\left(J_1\omega_1^2/2 + m_2 v_{s2}^2/2 + J_{s2}\omega_2^2/2 + m_3 v_3^2/2\right) = \left(M_1\omega_1 - F_3 v_3\right)\mathrm{d}t \tag{7.5}$$

同理，如果机械系统由 n 个活动构件组成，作用在构件 i 上的作用力为 $\boldsymbol{F}_i$，力矩为 $\boldsymbol{M}_i$，力 $\boldsymbol{F}_i$ 的作用点的速度为 $\boldsymbol{v}_i$，构件的角速度为 $\boldsymbol{\omega}_i$，则可得出机械运动方程式的一般表达式为

$$\mathrm{d}\left[\sum_{i=1}^n \left(m_i v_{si}^2/2 + J_{si}\omega_i^2/2\right)\right] = \left[\sum_{i=1}^n \left(F_i v_i \cos\alpha_i \pm M_i\omega_i\right)\right]\mathrm{d}t \tag{7.6}$$

式中，α_i 为作用在构件 i 上的外力 $\boldsymbol{F}_i$ 与该力作用点的速度 $\boldsymbol{v}_i$ 间的夹角；而 "±" 号的选取取决于作用在构件 i 上的力偶矩 $\boldsymbol{M}_i$ 与该构件的角速度 $\boldsymbol{\omega}_i$ 的方向是否相同，相同时取 "+" 号，反之取 "–" 号。

在应用式(7.6)时，由于各构件的运动参量均为未知量，不便求解。为了求得简单易解的机械运动方程式，对于单自由度机械系统，可以先将其简化为一等效动力学模型，再据以列出其运动方程式。现将这种方法介绍如下。

7.2.2　机械系统的等效动力学模型

现仍以图 7.3 所示的曲柄滑块机构为例来说明。该机构为一单自由度机械系统，现选曲柄 1 的转角 φ_1 为独立的广义坐标，并将式(7.5)改写为

$$\mathrm{d}\left\{\frac{\omega_1^2}{2}\left[J_1 + J_{s2}\left(\frac{\omega_2}{\omega_1}\right)^2 + m_2\left(\frac{v_{s2}}{\omega_1}\right)^2 + m_3\left(\frac{v_3}{\omega_1}\right)^2\right]\right\} = \omega_1\left(M_1 - F_3\frac{v_3}{\omega_1}\right)\mathrm{d}t \tag{7.7}$$

又令

$$J_e = J_1 + J_{s2}(\omega_2/\omega_1)^2 + m_2(v_{s2}/\omega_1)^2 + m_3(v_3/\omega_1)^2 \tag{7.8}$$

$$M_e = M_1 - F_3(v_3/\omega_1) \tag{7.9}$$

由式(7.8)可以看出，J_e 具有转动惯量的量纲，故称为等效转动惯量。式中，各速比 ω_2/ω_1、v_{s2}/ω_1 以及 v_3/ω_1 都是广义坐标 φ_1 的函数。因此，等效转动惯量的一般表达式可以写成函数式

$$J_e = J_e(\varphi_1) \tag{7.10}$$

又由式(7.9)可知，M_e 具有力矩的量纲，故称为等效力矩。同理，传动比 v_3/ω_1 也是广义坐标 φ_1 的函数。又因为外力矩 M_1 与 F_3 在机械系统中可能是运动参数 φ_1、ω_1 及 t 的函数，所以等效力矩的一般函数表达式为

$$M_e = M_e(\varphi_1, \omega_1, t) \tag{7.11}$$

根据 J_e 与 M_e 的表达式(7.8)～式(7.11)，则式(7.7)可以写成如下形式的运动方程式：

$$\mathrm{d}\left[J_e(\varphi_1)\omega_1^2/2\right] = M_e(\varphi_1, \omega_1, t)\omega_1\mathrm{d}t \tag{7.12}$$

由上述推导可知，对一个单自由度机械系统运动的研究可以简化为对该系统中某一个构件(如图 7.3 中的曲柄)运动的研究。但该构件上的转动惯量应等于整个机械系统的等效转动惯量 $J_e(\varphi)$，作用于该构件上的力矩应等于整个机械系统的等效力矩 $M_e(\varphi,\omega,t)$。这样的假想构件称为等效构件，如图 7.4(a)所示，由之所建立的动力学模型称为原机械系统的等效动力学模型。

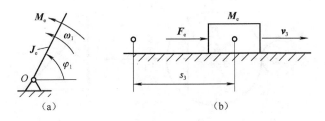

图 7.4　等效构件

不难看出，利用等效动力学模型建立的机械运动方程式不仅形式简单，而且方程式的求解将大为简化。

等效构件也可选用移动构件。例如，在图 7.3 中，可选滑块 3 为等效构件(其广义坐标为滑块的位移 s_3，图 7.4(b))，则式(7.5)可改写为

$$\mathrm{d}\left\{\frac{v_3^2}{2}\left[J_1\left(\frac{\omega_1}{v_3}\right)^2 + m_2\left(\frac{v_{s2}}{v_3}\right)^2 + J_{s2}\left(\frac{\omega_2}{v_3}\right)^2 + m_3\right]\right\} = v_3\left(M_1\frac{\omega_1}{v_3} - F_3\right)\mathrm{d}t \qquad (7.13)$$

式(7.13)左端方括号内的量具有质量的量纲，以 m_e 表示，令

$$m_e = J_1(\omega_1/v_3)^2 + m_2(v_{s2}/v_3)^2 + J_{s2}(\omega_2/v_3)^2 + m_3 \qquad (7.14)$$

而式(7.13)右端括号内的量具有力的量纲，以 F_e 表示，令

$$F_e = M(\omega_1/v_3) - F_3 \qquad (7.15)$$

于是，可得以滑块 3 为等效构件时所建立的运动方程式为

$$\mathrm{d}\left[m_e(s_3)v_3^2/2\right] = F_e(s_3, v_3, t)v_3\mathrm{d}t \qquad (7.16)$$

式中，m_e 称为等效质量；F_e 称为等效力。

综上所述，如果取转动构件为等效构件，则其等效转动惯量的一般计算公式为

$$J_e = \sum_{i=1}^{n}\left[m_i\left(\frac{v_{si}}{\omega}\right)^2 + J_{si}\left(\frac{\omega_i}{\omega}\right)^2\right] \qquad (7.17)$$

等效力矩的一般计算公式为

$$M_e = \sum_{i=1}^{n}\left[F_i\cos\alpha_i\left(\frac{v_i}{\omega}\right) \pm M_i\left(\frac{\omega_i}{\omega}\right)\right] \qquad (7.18)$$

同理，当取移动构件为等效构件时，其等效质量和等效力的一般计算公式可分别表示为

$$m_e = \sum_{i=1}^{n}\left[m_i(v_{si}/v)^2 + J_{si}(\omega_i/v)^2\right] \qquad (7.19)$$

$$F_e = \sum_{i=1}^{n}\left[F_i\cos\alpha_i(v_i/v) \pm M_i(\omega_i/v)\right] \qquad (7.20)$$

从以上公式可以看出，各等效量仅与构件间的速比有关，而与构件的真实速度无关，故可在不知道构件真实运动的情况下求出。

【例 7.1】　图 7.5(a)为齿轮-连杆机构。已知轮 1 的齿数 $z_1 = 20$，转动惯量为 J_1；轮 2 的齿数为 $z_2 = 60$，它与曲柄 2′ 的质心在 B 点，其对 B 轴的转动惯量为 J_2，曲柄长为 l，滑块 3 和构件 4 的质量分别为 m_3、m_4，其质心分别在 C 及 D 点。在轮 1 上作用有驱动力矩 M_1，在构件 4 上作用有阻抗力 F_4，现取曲柄为等效构件，试求在图示位置时的 J_e 及 M_e。

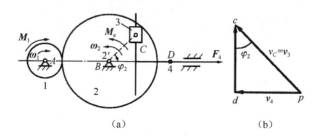

图 7.5 齿轮-连杆机构

解：根据式(7.17)，有

$$J_e = J_1(\omega_1 / \omega_2)^2 + J_2 + m_3(v_3 / \omega_2)^2 + m_4(v_4 / \omega_2)^2$$

而由速度分析(图 7.5(b))可知，

$$v_3 = v_C = \omega_2 l$$
$$v_4 = v_C \sin\varphi_2 = \omega_2 l \sin\varphi_2$$

故

$$J_e = J_1(z_1 / z_2)^2 + J_2 + m_3(\omega_2 l / \omega_2)^2 + m_4(\omega_2 l \sin\varphi_2 / \omega_2)^2$$
$$= 9J_1 + J_2 + m_3 l^2 + m_4 l^2 \sin^2\varphi_2$$

根据式(7.18)，有

$$M_e = M_1(\omega_1 / \omega_2) + F_4(v_4 / \omega_2)\cos 180°$$
$$= M_1(z_2 / z_1) - F_4(\omega_2 l \sin\varphi_2) / \omega_2 = 3M_1 - F_4 l \sin\varphi_2$$

由以上分析可见，等效转动惯量是由常量和变量两部分组成的。由于在一般机械中速比为变量的活动构件在其构件的总数中占比例较小，又由于这类构件通常出现在机械系统的低速端，其等效转动惯量较小。故为了简化计算，常将等效转动惯量中的变量部分以其平均值近似代替，或将其忽略不计。

7.2.3 运动方程式的推演

前面推导的机械运动方程式(7.12)和式(7.16)为能量微分形式的运动方程式。为了便于对某些问题的求解，尚需求出用其他形式表达的运动方程式，为此将式(7.12)简写为

$$d(J_e\omega^2 / 2) = M_e\omega dt = M_e d\varphi \tag{7.21}$$

再将式(7.21)改写为

$$\frac{d(J_e\omega^2 / 2)}{d\varphi} = M_e$$

即

$$J_e\frac{d(\omega^2 / 2)}{d\varphi} + \frac{\omega^2}{2}\frac{dJ_e}{d\varphi} = M_e \tag{7.22}$$

式中，

$$\frac{d(\omega^2 / 2)}{d\varphi} = \frac{d(\omega^2 / 2)}{dt}\frac{dt}{d\varphi} = \omega\frac{d\omega}{dt}\frac{1}{\omega} = \frac{d\omega}{dt}$$

将其代入式(7.22)中，即可得力矩形式的机械运动方程式：

$$J_e\frac{d\omega}{dt} + \frac{\omega^2}{2}\frac{dJ_e}{d\varphi} = M_e \tag{7.23}$$

此外，将式(7.21)对 φ 进行积分，还可得到动能形式的机械运动方程式：

$$\frac{1}{2}J_e\omega^2 - \frac{1}{2}J_{e0}\omega_0^2 = \int_{\varphi_0}^{\varphi} M_e \mathrm{d}\varphi \tag{7.24}$$

式中，φ_0 为 φ 的初始值，而 $J_{e0} = J_e(\varphi_0)$，$\omega_0 = \omega(\varphi_0)$。当选用移动构件为等效构件时，其运动方程式为

$$m_e \frac{\mathrm{d}v}{\mathrm{d}t} + \frac{v^2}{2}\frac{\mathrm{d}m_e}{\mathrm{d}s} = F_e \tag{7.25}$$

$$\frac{1}{2}m_e v^2 - \frac{1}{2}m_{e0}v_0^2 = \int_{s_0}^{s} F_e \mathrm{d}s \quad \frac{1}{2}m_e v^2 - \frac{1}{2}m_{e0}v_0^2 = \int_{s_0}^{s} F_e \mathrm{d}s \tag{7.26}$$

由于选回转构件为等效构件时，计算各等效参量比较方便，并且求得其真实运动规律后，也便于计算机械中其他构件的运动规律，所以常选用回转构件为等效构件。但当在机构中作用有随速度变化的一个力或力偶时，最好选这个力或力偶所作用的构件为等效构件，以利于方程的求解。

7.2.4 等效转动惯量及其导数的计算方法

等效转动惯量是影响机械系统动态性能的一个重要因素，为了获得机械真实的运动规律，就需准确计算系统的等效转动惯量。由式(7.17)可知，等效转动惯量与构件自身的转动惯量以及各构件与等效构件的速比有关。

对于形状规则的构件，可以用理论方法计算其转动惯量；而对于形状复杂或不规则的构件，其转动惯量可借助实验方法测定。对于具有变速比的机构，其速比往往是机构位置的函数，因此要写出等效转动惯量的表达式可能是极为烦琐的工作。同时，若采用力矩形式的运动方程式(7.23)，还需求出等效转动惯量的导数，但在用数值法求解运动方程时，不一定需要知道等效转动惯量 J_e 和等效转动惯量的导数 $\mathrm{d}J_e/\mathrm{d}\varphi$ 的表达式，而只需确定在一个循环内若干离散位置上的 J_e 和 $\mathrm{d}J_e/\mathrm{d}\varphi$ 的数值即可。这对于运用计算机进行机构运动分析容易实现。在运动分析中，机构任意点的速度、加速度矢量常常是用其 x、y 方向上的两个分量表示的。因此，等效转动惯量表达式可写为

$$J_e = \sum_{j=1}^{n}\left[m_j \frac{v_{sjx}^2 + v_{sjy}^2}{\omega^2} + J_j \left(\frac{\omega_j}{\omega}\right)^2 \right] \tag{7.27}$$

将式(7.27)对 φ 求导可得

$$\frac{\mathrm{d}J_e}{\mathrm{d}\varphi} = \frac{2}{\omega^3}\sum_{j=1}^{n}\left[m_j(v_{sjx}a_{sjx} + v_{sjy}a_{sjy}) + J_j\omega_j\alpha_j \right] \tag{7.28}$$

式中，m_j、ω_j 和 α_j 分别为构件 j 的质量、角速度和角加速度；v_{sjx}、v_{sjy} 分别为构件 j 的质心在 x、y 方向上的速度分量；a_{sjx}、a_{sjy} 分别为构件 j 质心在 x、y 方向上的加速度分量。对机构各位置进行运动分析，可求得各位置的等效转动惯量及其导数。

7.3 机械运动方程式的求解

等效力矩(或等效力)可能是位置、速度或时间的函数，而且它可以用函数、数值表格或曲线等形式给出，因此求解运动方程式的方法也不尽相同。下面就几种常见的情况，对解析法和数值法加以简要介绍。

7.3.1 等效转动惯量和等效力矩均为位置的函数

用内燃机驱动活塞式压缩机的机械系统即属这种情况。此时，内燃机给出的驱动力矩 M_d 和压缩机所受到的阻抗力矩 M_r 都可视为位置的函数，故等效力矩 M_e 也是位置的函数，即 $M_e = M_e(\varphi)$。在此情况下，如果等效力矩的函数形式 $M_e = M_e(\varphi)$ 可以积分，且其边界条件已知，即当

$t = t_n$ 时，$\varphi = \varphi_0$、$\omega = \omega_0$、$J_e = J_{e0}$，于是由式(7.24)可得

$$\frac{1}{2}J_e(\varphi)\omega^2(\varphi) = \frac{1}{2}J_{e0}\omega_0^2 + \int_{\varphi_0}^{\varphi} M_e(\varphi)\mathrm{d}\varphi$$

从而可求得

$$\omega = \sqrt{\frac{J_{e0}}{J_e(\varphi)}\omega_0^2 + \frac{2}{J_e(\varphi)}\int_{\varphi_0}^{\varphi} M_e(\varphi)\mathrm{d}\varphi} \tag{7.29}$$

等效构件的角加速度为

$$\alpha = \frac{\mathrm{d}\omega}{\mathrm{d}t} = \frac{\mathrm{d}\omega}{\mathrm{d}\varphi}\frac{\mathrm{d}\varphi}{\mathrm{d}t} = \frac{\mathrm{d}\omega}{\mathrm{d}\varphi}\omega \tag{7.30}$$

有时为了进行初步估算，可以近似假设等效力矩 $M_e =$ 常数，等效转动惯量 $J_e =$ 常数。在这种情况下，式(7.23)可简化为

$$J_e \mathrm{d}\omega / \mathrm{d}t = M_e$$

即

$$\alpha = \mathrm{d}\omega / \mathrm{d}t = M_e / J_e \tag{7.31}$$

由式(7.31)积分可得

$$\omega = \omega_0 + \alpha t \tag{7.32}$$

若 $M_e(\varphi)$ 是以线图或表格形式给出的，则只能用数值法求解。

7.3.2 等效转动惯量是常数，等效力矩是速度的函数

由电动机驱动的鼓风机、搅拌机等的机械系统就属这种情况。对于这类机械，应用式(7.23)来求解是比较方便的。由于

$$M_e(\omega) = M_{ed}(\omega) - M_{er}(\omega) = J_e \mathrm{d}\omega / \mathrm{d}t$$

将式中的变量分离后，得

$$\mathrm{d}t = J_e \mathrm{d}\omega / M_e(\omega)$$

积分得

$$t = t_0 + J_e \int_{\omega_0}^{\omega} \frac{\mathrm{d}\omega}{M_e(\omega)} \tag{7.33}$$

式中，ω_0 是计算开始时的初始角速度。

由式(7.33)解出 $\omega = \omega(t)$ 以后，即可求得角加速度 $\alpha = \mathrm{d}\omega / \mathrm{d}t$。欲求 $\varphi = \varphi(t)$ 时，可利用以下关系式：

$$\varphi = \varphi_0 + \int_{t_0}^{t} \omega(t)\mathrm{d}t \tag{7.34}$$

7.3.3　等效转动惯量是位置的函数，等效力矩是位置和速度的函数

用电动机驱动的刨床、冲床等的机械系统属于这种情况，其中包含速比不等于常数的机构，故其等效转动惯量是变量。

这类机械的运动方程式根据式(7.12)可列为

$$d\left[J_e(\varphi)\omega^2 / 2 \right] = M_e(\varphi, \omega)d\varphi$$

这是一个非线性微分方程，若变量 ω、φ 无法分离，则不能用解析法求解，而只能采用数值法求解。下面介绍一种简单的数值法——差分法。为此，将上式改写为

$$\omega^2 / 2dJ_e(\varphi) + J_e(\varphi)\omega d\omega = M_e(\varphi, \omega)d\varphi \tag{7.35}$$

又如图 7.6 所示，将转角 φ 等分为 n 个微小的转角 $\Delta\varphi = \varphi_{i+1} - \varphi_i (i = 0,1,2,\cdots,n)$。而当 $\varphi = \varphi_i$ 时，等效转动惯量 $J_e(\varphi)$ 的微分 dJ_{ei} 可以用增量 $\Delta J_{er} = J_{e,i+1} - J_{ei}$ 来近似地代替，并简写成 $\Delta J_i = J_{i+1} - J_i$。同样，当 $\varphi = \varphi_i$ 时，角速度 $\omega(\varphi)$ 的微分 $d\omega$ 可以用增量 $\Delta\omega_i = \omega_{\varphi(i+1)} - \omega_{\varphi i}$ 来近似地代替，并简写为 $\Delta\omega_i = \omega_{i+1} - \omega_i$。于是，当 $\varphi = \varphi_i$ 时，式(7.35)可写为

$$(J_{i+1} - J_i)\omega_i^2 / 2 + J_i\omega_i(\omega_{i+1} - \omega_i) = M_e(\varphi_i, \omega_i)\Delta\varphi$$

解出 ω_{i+1} 得

$$\omega_{i+1} = \frac{M_e(\varphi_i, \omega_i)\Delta\varphi}{J_i\omega_i} + \frac{3J_i - J_{i+1}}{2J_i}\omega_i \tag{7.36}$$

式(7.36)可用计算机方便求解。

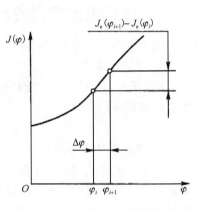

图 7.6　用增量代替微分的差分法

7.4　稳定运转状态下机械的周期性速度波动及其调节

7.4.1　产生周期性速度波动的原因和调节方法

如前所述，在机械的运转过程中，由于外力的变化，机械的运转速度会产生波动。过大的速度波动对机械的工作是不利的。因此，设计者应设法降低机械运转速度的波动程度，将其限制在许可的范围内，以保证机械的工作质量、效率与使用寿命。

在稳定运转阶段，当机械动能做周期性变化时，其主轴的角速度也做周期性变化，如图 7.7 实线所示。这种情况下，主轴角速度 ω 在经过一个周期 T 之后又回到初始状态，这说明就整个周期而言，动能没有增减，驱动力所做的功与生产阻力所做的功是相等的。但是，

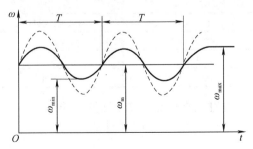

图 7.7　周期性速度波动

在周期中的某段时间内，驱动力所做的功与生产阻力所做的功却是不相等的，因而出现速度变化。这种有规律的、周期性的变化称为周期性速度波动。其周期 T 通常对应于主轴回转一转(如蒸汽机、冲床、单缸二冲程内燃机)或若干转(如单缸四冲程内燃机为曲轴转两转)。周期性速度波动的调节方法是在机械中加上一个转动惯量 J 很大的回转体——飞轮。飞轮以角速度 ω 回转时的动能为 $E = 1/2J\omega^2$，当驱动力矩大于生产阻力矩时，飞轮的转速随机械系统速度的增大而增大，飞轮储存较大的动能；当驱动力矩小于生产阻力矩时，飞轮储存的动能释放出来，以补偿驱动力矩做功的不足。因此，采用飞轮可以减小机械系统周期性速度波动，使运转速度趋于均匀。图 7.7 中的虚线和实线各代表同一机械加装飞轮前后角速度的变化情况。

7.4.2　衡量机械速度波动程度的性能参数

为了对周期性速度波动进行分析，下面先介绍衡量机械速度波动程度的性能参数。

1. 平均角速度

对于在一个周期内等效构件角速度的变化曲线，其平均角速度 ω_m 在工程实际中常用其算术平均值来表示，即

$$\omega_m = (\omega_{max} + \omega_{min}) / 2 \tag{7.37}$$

2. 速度不均匀系数 δ

机械速度波动的程度不仅与速度变化的幅度 $\omega_{max}-\omega_{min}$ 有关，也与平均角速度 ω_m 有关。综合考虑这两方面的因素，用速度不均匀系数 δ 来表示机械速度波动的程度，其定义为角速度波动的幅度 $\omega_{max}-\omega_{min}$ 与平均角速度 ω_m 之比，即

$$\delta = (\omega_{max} - \omega_{min}) / \omega_m \tag{7.38}$$

对于不同工作性质的机械有不同的运转平稳性要求，也就是有不同的速度不均匀系数许用值$[\delta]$。如果速度不均匀系数 δ 超过了许用值$[\delta]$，势必会影响机器的正常工作。例如，用于照明的发电机，如果它的速度波动很大，则输出的电流和电压的变化也很大，结果使灯光忽明忽暗、闪烁不定；又如，金属切削机床的速度波动也会影响被加工工件的表面质量。因此，对于这些机械所许可的速度不均匀系数应当取小些。相反，对于破碎机和冲床等机械，由于速度波动大些并不影响其正常的工作，其许可的速度不均匀系数可取得大些。表 7.1 列出了一些常用机械速度不均匀系数的许用值$[\delta]$，供设计时参考。

表 7.1　常用机械速度不均匀系数的许用值$[\delta]$

机械的名称	$[\delta]$	机械的名称	$[\delta]$
碎石机	1/5～1/20	水泵、鼓风机	1/30～1/50
冲床、剪床	1/7～1/10	造纸机、织布机	1/40～1/50
轧压机	1/20～1/25	纺纱机	1/60～1/100
汽车、拖拉机	1/20～1/60	直流发电机	1/100～1/200
金属切削机床	1/30～1/40	交流发电机	1/200～1/300

设计时，机械的速度不均匀系数不得超过允许值，即

$$\delta \leqslant [\delta] \tag{7.39}$$

7.4.3　飞轮的设计原理和基本方法

1. 飞轮调速的基本原理

作用在机械主轴上的驱动力矩和生产阻力矩即使在稳定运转状态下往往也是主轴转角 φ 的函数，如图 7.8(a) 所示。在某一时段内它们所做的功为

$$W_d(\varphi) = \int_{\varphi_a}^{\varphi} M_{ed}(\varphi) d\varphi \tag{7.40}$$

$$W_r(\varphi) = \int_{\varphi_a}^{\varphi} M_{er}(\varphi) d\varphi \tag{7.41}$$

在一般机械中，其他构件所具有的动能与飞轮相比，其值较小，可忽略不计，因此近似设计中可以认为飞轮的动能就是整个机械的动能，其增量为

$$\Delta E = W_d(\varphi) - W_r(\varphi) = \int_{\varphi_a}^{\varphi} \left[M_{ed}(\varphi) - M_{er}(\varphi) \right] d\varphi \tag{7.42}$$

$$= J_e(\varphi)\omega^2(\varphi)/2 - J_{ea}\omega_a^2/2$$

其机械动能 $E(\varphi)$ 的变化曲线如图 7.8(a) 所示。

分析图 7.8(a) 中 bc、de 段曲线的变化情况可以看出，由于力矩 $M_d > M_r$，机械驱动力矩所做的功大于生产阻力矩所做的功，多余出来的功在图中以 "+" 号标识，称为盈功。在这一阶段，主轴的角速度由于动能的增加而上升。反之，在图中 ab、cd、ea'段，由于 $M_d < M_r$，驱动力矩所做的功小于生产阻力矩所做的功，不足的功在图中以 "−" 号标识，称为亏功。在这一阶段，主轴的角速度由于动能的减少而下降。但是在机械稳定运转的一个周期中，即图中对应于主轴转角由到 φ_a 到 $\varphi_{a'}$ 段，机械驱动力矩所做的功等于生产阻力矩所做的功，机械动能的增量为零，即

$$\int_{\varphi_a}^{\varphi_{a'}} \left(M_{ed} - M_{er} \right) d\varphi = J_{ea}\omega_{a'}^2/2 - J_{ea}\omega_a^2/2 = 0 \tag{7.43}$$

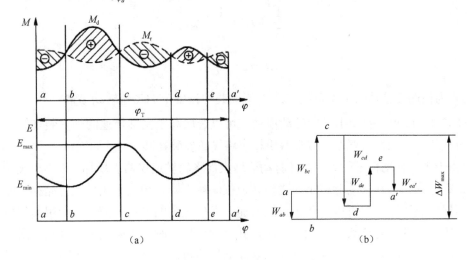

（a）　　　　　　　　　　　（b）

图 7.8　最大盈亏功的确定

由图 7.8(a) 可见，在点 b 处机械(飞轮)具有最小动能 E_{min}，此时主轴角速度最小；而在点 c 处机械具有最大动能 E_{max}，此时主轴角速度最大。E_{max} 与 E_{min} 之差即一个周期内动能的最大变化量，说明 b、c 两点之间驱动力矩所做的功与生产阻力矩所做的功之差达到最大值，即最大盈亏功 ΔW_{max}：

$$\Delta W_{max} = E_{max} - E_{min} = \int_{\varphi_b}^{\varphi_c} \left[M_{ed}(\varphi) - M_{er}(\varphi) \right] d\varphi \tag{7.44}$$

显然，当 $\varphi = \varphi_b$ 时，$\omega = \omega_{min}$；而当 $\varphi = \varphi_c$ 时，$\omega = \omega_{max}$。由式(7.44)可得

$$\Delta W_{max} = E_{max} - E_{min} = J_e(\omega_{max}^2 - \omega_{min}^2)/2 = J_e \omega_m^2 \delta \tag{7.45}$$

由此得到安装在主轴上的飞轮转动惯量为

$$J = \frac{\Delta W_{max}}{\omega_m^2 \delta} \tag{7.46}$$

用转速代替角速度，由式(7.46)得

$$J = \frac{900 \Delta W_{max}}{\pi^2 n^2 \delta} \tag{7.47}$$

式中，ΔW_{max} 为最大盈亏功(N·m)；J 为飞轮的转动惯量(kg·m^2)；ω_m 为主轴平均角速度(rad/s)；n 为主轴平均转速(r/min)；δ 为速度不均匀系数。

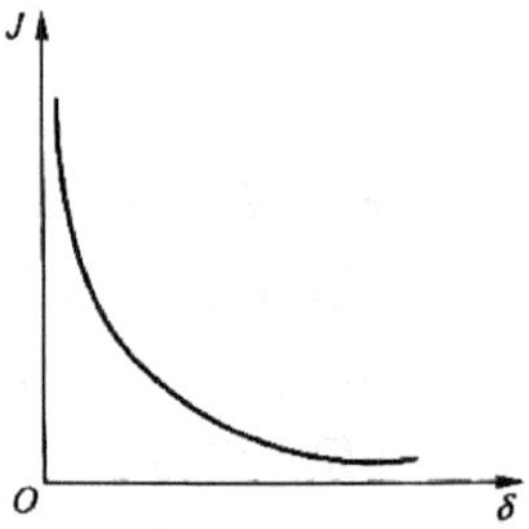

由式(7.46)可知：

(1) 当与 ΔW_{max} 和 ω_m 的值一定时，J 与 δ 的关系为一等边双曲线，如图7.9所示。当 δ 非常小时，略微再减小 δ，飞轮的转动惯量 J 将大大增加，因此，不宜过分追求机械运转的均匀性，否则 J 过大，将使飞轮笨重，从而使机械成本增加。

(2) 当 J 与 ω_m 的值一定时，ΔW_{max} 与 δ 成正比，即最大盈亏功 ΔW_{max} 增大时，速度不均匀系数 δ 也随之增大，机械运转速度波动越大。

图 7.9　J-δ 变化曲线

(3) 当 ΔW_{max} 与 δ 的值一定时，J 与 ω_m^2 成反比，即主轴的平均转速越高，所需安装在主轴上的飞轮转动惯量越小。飞轮也可以安装在与主轴保持固定速比的其他轴上，但必须保证该轴上安装的飞轮与主轴上安装的飞轮具有相等的动能，即

$$\frac{1}{2} J' \omega_m'^2 = \frac{1}{2} J \omega_m^2 \tag{7.48}$$

或

$$J' = J \left(\frac{\omega_m}{\omega_m'} \right)^2 \tag{7.49}$$

式中，ω_m' 为任选飞轮轴的平均角速度；J' 为安装在该轴上的飞轮转动惯量。

由式(7.49)可知，欲减小飞轮转动惯量，可以选取高于主轴转速的轴安装飞轮。但考虑到一般机械的主轴刚性较好，所以多数机械仍将飞轮安装在其主轴上。

(4) 由于飞轮转动惯量较大，盈功时动能增大而飞轮转速仅略有增加，相当于飞轮将多余的能量储存起来，亏功时动能减小而飞轮转速仅略有下降，相当于飞轮又将储存的能量释放出来。所以安装飞轮不仅可以避免机械运转速度发生过大的波动，而且可利用其储放能量的特点来克服机械的短时过载。因此，在确定其原动机功率时，不是根据高峰负荷所需的瞬时的最大功率，而是按其平均功率选择适当的原动机即可。这是某些载荷大而集中，且对运转速度均匀性要求不高的机械(如破碎机、轧钢机等)安装飞轮的主要原因。

2. 最大盈亏功的确定

计算飞轮的转动惯量，关键是要求出最大盈亏功 ΔW_{max}。对于一些简单的情况，最大盈亏功可直接由 M-φ 图看出。对于较复杂的情况，则可借助能量指示图来确定。现以图7.8为

例加以说明。取点 a 为起点，按比例用铅垂矢量线段依次表示相应位置 M_d 与 M_r 之间所包围的面积 W_{ab}、W_{bc}、W_{cd}、W_{de} 和 $W_{ea'}$，盈功向上画，亏功向下画。由于在一个周期的起止位置处动能相等，能量指示图的首尾应在同一条水平线上，即形成封闭的台阶形折线，如图 7.8(b) 所示。由图可以明显看出，点 b 处动能最小，点 c 处动能最大，而图中折线的最高点和最低点的距离就代表了最大盈亏功。

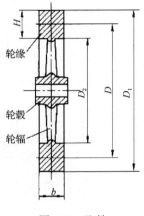

图 7.10 飞轮

3. 飞轮主要尺寸的确定

求得飞轮的转动惯量以后，就可以确定其尺寸。最佳设计是以最少的材料来获得最大的转动惯量 J_F，即应把质量集中在轮缘上，故飞轮常做成图 7.10 所示的形状。与轮缘相比，轮辐及轮毂的转动惯量较小，可略去不计。设 G_A 为轮缘的重量，D_1、D_2 和 D 分别为轮缘的外径、内径与平均直径，则轮缘的转动惯量近似为

$$J_F \approx J_A = G_A(D_1^2 + D_2^2)/(8g) \approx G_A D^2/(4g)$$

或
$$G_A D^2 = 4g J_F \tag{7.50}$$

式中，$G_A D^2$ 称为飞轮矩 (N·m^2)。由式 (7.50) 可知，当选定飞轮的平均直径 D 后，即可求出飞轮轮缘的重量 G_A。至于平均直径 D，应适当选大一些，但又不宜过大，以免轮缘因离心力过大而破裂。

设轮缘的宽度为 b，材料单位体积的重量为 γ (N/m^3)，则

$$G_A = \pi D H b \gamma$$

于是

$$H b = G_A/(\pi D \gamma)$$

式中，D、H 及 b 的单位为 m。当飞轮的材料及比值 H/b 选定后，即可求得轮缘的横剖面尺寸 H 和 b。

飞轮转子的转动惯量与转子的形状和质量有密切的关系，而飞轮的最高转速受到飞轮转子材料强度的限制。对于高速储能飞轮，可以通过对飞轮的形状进行优化设计，最大限度地发挥材料的使用效能。还应指出，在机械中起飞轮作用的不一定是专为其设计安装的飞轮，也可能是具有较大转动惯量的齿轮、皮带轮或其他形状的回转构件。

【例 7.2】 在图 7.11(a) 所示的齿轮传动中，已知 $z_1 = 20$，$z_2 = 40$，轮 1 为主动轮，在轮 1 上施加力矩 $M_1 = $ 常数，作用在轮 2 上的阻抗力矩 M_2 的变化曲线如图 7.11(b) 所示；两齿轮对其回转轴线的转动惯量分别为 $J_1 = 0.01\text{kg·m}^2$，$J_2 = 0.08\text{kg·m}^2$。轮 1 的平均角速度为 $\omega_1 = \omega_m = 100\text{rad/s}$，若已知速度不均匀系数 $\delta = 1/50$，请：

(1) 画出以构件 1 为等效构件时的等效力矩 M_{er}-φ_1 图。

(2) 求 M_1 的值。

(3) 分别求飞轮装在轴 I 和 II 上的转动惯量 J_F、J_F'。

(4) 求 ω_{max}、ω_{min} 及其出现的位置。

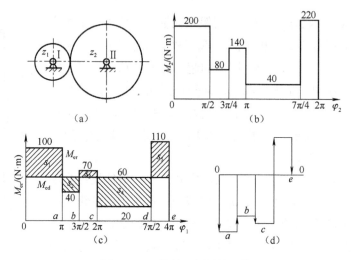

图 7.11　飞轮转动惯量的计算

解： (1)求以构件 1 为等效构件时的等效阻抗力矩。

$$M_{er} = M_2\left(\frac{\omega_2}{\omega_1}\right) = M_2\left(\frac{z_1}{z_2}\right) = \frac{M_2}{2}$$

因 $\varphi_1 = 2\varphi_2$，故 M_{er}-φ_1 图如图 7.11(c)所示。

(2)求驱动力矩 M_1。

因轮 1 转两转为一个周期，故

$$M_{ed} \times 4\pi = [100\pi + 40 \times (1.5\pi - \pi) + 70 \times (2\pi - 1.5\pi)$$
$$+ 20 \times (3.5\pi - 2\pi) + 110 \times (4\pi - 3.5\pi)] = 240\pi(\text{N} \cdot \text{m})$$

可得

$$M_1 = M_{ed} = \frac{240\pi}{4\pi} = 60(\text{N} \cdot \text{m})$$

(3)求 J_F 和 J'_F。

因 J_F 与 ω_m^2 成反比，为减小飞轮的尺寸和重量，飞轮一般装在高速轴(即装在轴 I)上较好。

以轮 1 为等效构件时的等效转动惯量为

$$J_e = J_1 + J_2\left(\frac{\omega_2}{\omega_1}\right)^2 = J_1 + J_2\left(\frac{z_2}{z_1}\right)^2 = 0.03\text{kg} \cdot \text{m}^2$$

为了确定最大盈亏功，先要算出图 7.11(c)中各块盈功、亏功：$s_1 = -40\pi\text{N}\cdot\text{m}$，$s_2 = 10\pi\text{N}\cdot\text{m}$，$s_3 = -5\pi\text{N}\cdot\text{m}$，$s_4 = 60\pi\text{N}\cdot\text{m}$，$s_5 = -25\pi\text{N}\cdot\text{m}$；并作出能量指示图，如图 7.11(d)所示。由该图不难看出，在 a、d 点之间有最大能量变化，即

$$\Delta W_{max} = |s_2 + s_3 + s_4| = |10\pi - 5\pi + 60\pi| = 65\pi(\text{N} \cdot \text{m})$$

飞轮的转动惯量为

$$J_F = \frac{\Delta W_{max}}{\omega_1^2 \delta} - J_e = \frac{65\pi}{100^2/50} - 0.03 = 0.991(\text{kg} \cdot \text{m}^2)$$

根据 $\frac{1}{2}J_F\omega_1^2 = J'_F\omega_2^2$，则

$$J_F' = J_F \frac{\omega_1^2}{\omega_2^2} = J_F \frac{z_2^2}{z_1^2} = 0.991 \times \left(\frac{40}{20}\right)^2 = 3.964 (\text{kg} \cdot \text{m}^2)$$

由此可以看出，J_F' 是 J_F 的 4 倍，所以在结构允许的条件下，飞轮在轴 I 上较好。

(4) 求 $\omega_{\max}$、$\omega_{\min}$。

因 $\omega_m = (\omega_{\max} + \omega_{\min})/2$ 且 $\delta = (\omega_{\max} - \omega_{\min})/\omega_m$，故

$$\omega_{\max} = \omega_m(1 + \delta/2) = 101 \text{rad/s}$$

$$\omega_{\min} = \omega_m(1 - \delta/2) = 99 \text{rad/s}$$

由能量指示图（图 7.11(d)）不难看出。在 a 点（$\varphi_1 = \pi$）时，系统的能量最低，故此时出现 $\omega_{\min}$；而在 d 点（$\varphi_1 = 7\pi/2$）时，系统的能量最高，故此时出现 $\omega_{\max}$。

7.5　机械的非周期性速度波动及其调节

如果机械在运转过程中，等效力矩 $M_e = M_{ed} - M_{er}$ 的变化是非周期性的，机械运转的速度将出现非周期性的波动，从而破坏机械的稳定运转。若长时间内 $M_{ed} > M_{er}$，则机械将越转越快，甚至可能会出现"飞车"现象，从而使机械遭到破坏；反之，若 $M_{er} > M_{ed}$，则机械又会越转越慢，最后导致停车。为了避免上述情况的发生，必须对非周期性的速度波动进行调节，使机械重新恢复稳定运转。为此，就需要设法使等效驱动力矩与等效阻力矩相互适应。

对选用电动机作为原动机的机械，电动机本身就可使其等效驱动力矩和等效阻力矩自动协调一致。如图 7.2 所示，当因 $M_{ed} < M_{er}$ 而使电动机转速下降时，电动机所产生的驱动力矩将自动增大；反之，当因 $M_{ed} > M_{er}$ 导致电动机转速上升时，其所产生的驱动力矩将自动减小，以使 M_{ed} 与 M_{er} 自动地重新达到平衡，电动机的这种性能称为自调性。但是，若机械的原动机为蒸汽机、汽轮机或内燃机等，就必须安装一种专门的调节装置——调速器来调节机械出现的非周期性速度波动。调速器的种类很多，按执行机构分类，主要有机械调速器、气动液压调速器、电液调速器和电子调速器等。

图 7.12 为燃气涡轮发动机中采用的离心式调速器的工作原理图。图中，支架 1 与发动机轴相连，离心球 2 铰接在支架 1 上，并通过连杆 3 与活塞 4 相连。在稳定运转状态下，由油箱供给的燃油一部分通过增压泵 7 增压后输送到发动机，另一部分多余的油则经过油路 a、调节油缸 6、油路 b 回到油泵进口处。当外界条件变化引起阻力矩减小时，发动机的转速 ω 将

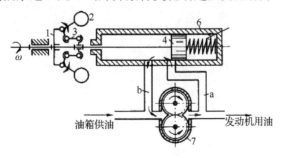

图 7.12　离心式调速器

1—支架；2—离心球；3—连杆；4—活塞；5—弹簧；6—调节油缸；7—增压泵

增高，离心球 2 将因离心力的增大而向外摆动，通过连杆 3 推动活塞 4 向右移动，使被活塞 4 部分封闭的回油孔间隙增大，因此回油量增大，输送给发动机的油量减小，故发动机的驱动力矩相应地有所下降，机械又重新归于稳定运转。反之，如果工作阻力增加，则活塞在弹簧 5 的作用下做相反运动，供给发动机的油量增加，从而使发动机又恢复稳定运转。

调速器或调速系统有多种形式和调速工作原理，而且各有其优缺点和适用场合。例如，液压调速器具有良好的稳定性和高的静态调节精度，但结构工艺复杂、成本高。例如，大功率柴油机多用液压调速器。

在近代机械中，多采用电子调速器。电子调速器具有很高的静态和动态调节精度，易实现多功能、远距离和自动化控制及多机组同步并联运行。电子调速器由各类传感器把采集到的各种信号转换成电信号输入计算机，经计算机处理后发出指令，由执行机构完成控制任务。例如，在航空电源车、自动化电站、低噪声电站高精度的柴油发电机组和大功率船用柴油机等中就采用了电子调速器。

第8章 连杆机构及其设计

8.1 连杆机构及其传动特点

平面连杆机构是由若干个构件用低副(转动副或移动副)连接而成的平面机构,故又称为平面低副机构。连杆机构的共同特点是机构主动件的运动都要通过中间连杆传递给从动件。平面连杆机构是一种应用极为广泛的机构,在各种机械、仪器和机电一体化产品中都有广泛的应用,这主要取决于连杆机构具有以下传动特点。

(1)运动副为面接触的低副,因此压强小,承载能力高;而且低副的接触面间易于润滑,因此磨损小而寿命长。

(2)因转动副和移动副的接触面一般多为圆柱面或平面,故易于加工和保证加工精度。

(3)构件间的接触是依靠运动副本身的几何约束来实现的,不必依靠弹簧等装置,故结构简单、运动传递可靠。

(4)能够实现多种运动规律、多种运动轨迹、各种运动形式的转换,如它可把原动件的转动转换成从动件的转动、摆动、移动或平面复杂运动,从而可以实现生产实际要求的运动规律或运动轨迹。

平面连杆机构也存在以下缺点。

(1)因低副间存在间隙,而通常连杆机构的运动链又较长,故构件尺寸误差和运动副间隙误差会增加机构运动的累积误差,进而影响运动的精度,降低机械传动效率。

(2)要准确地实现复杂的运动规律或轨迹比较困难,设计较为复杂,一般只能近似满足。

(3)连杆机构中做平面复杂运动和做往复运动的构件所产生的惯性力难以平衡,故不适于高速传动。

随着连杆机构设计方法的不断改进,计算机的普及和优化设计的发展,以及制造工艺水平的不断提高,连杆机构的缺点正在得到弥补,连杆机构必将获得更广泛的应用。

8.2 平面四杆机构的类型及应用

8.2.1 铰链四杆机构

图 8.1 所示铰链四杆机构是平面四杆机构的基本形式,其他形式的四杆机构可以认为是它的演化形式。在此机构中,AD 为机架,AB、CD 两杆与机架相连,称为连架杆,BC 为连杆。而在连架杆中,能做整周回转者称为曲柄,只能在一定范围内摆动者称为摇杆。

在铰链四杆机构中,各运动副都是转动副。若组成转动副的两构件能做相对整周转动(如图 8.1 中的 A、B 副),则称为周转副;若不能做相对整周转动(如 8.1 中的 C、D 副),则称为摆转副。根据两连架杆的不同运动形式,铰链四杆机构又可分为 3 种形式。

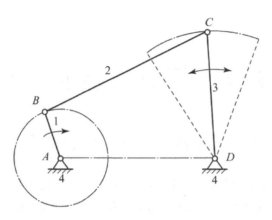

图 8.1　铰链四杆机构的基本形式

1. 曲柄摇杆机构

在铰链四杆机构的两个连架杆中，若其一为曲柄，另一为摇杆(图 8.1)，则称其为曲柄摇杆机构。在曲柄摇杆机构中，若以曲柄为原动件，可将曲柄的连续运动转变为摇杆的往复摆动；若以摇杆为原动件，可将摇杆的摆动转变为曲柄的整周转动。

当曲柄为主动件、摇杆或连杆为从动件时，可将曲柄的连续转动转变成摇杆的往复摆动或连杆的平面运动。例如，图 8.2 为雷达天线俯仰机构，由曲柄 AB 通过连杆 BC 带动天线(构件 3)做俯仰运动。再如，图 8.3 为搅拌器，由曲柄 AB 带动连杆 BC，并利用连杆上点 E 的特定运动轨迹来实现对容器中物料的搅拌动作。

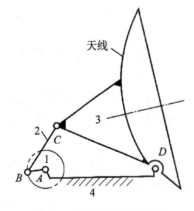

图 8.2　雷达天线俯仰机构

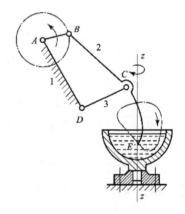

图 8.3　搅拌器

2. 双曲柄机构

若铰链四杆机构中的两个连架杆均为曲柄(图 8.4)，则称其为双曲柄机构。在此机构中，当主动曲柄 AB 做匀速转动时，从动曲柄 CD 则做变速运动。图 8.5 为惯性振动筛机构，其中驱动机构 ABCD 为一双曲柄机构。当曲柄 AB 做等速转动时，通过中间构件 2、3 和 5 带动筛子 6 做变速直线运动，并利用其所产生的惯性力来改善被筛材料的筛分效果。

在双曲柄机构中，若相对两杆平行且长度相等(图 8.6)，则称其为平行四边形机构。它的特点是：①两曲柄以相同速度同向转动；②连杆做平动；③连杆上的任一点的轨迹均为以曲柄长度为半径的圆。图 8.7 所示的机车车轮联动机构为平行四边形机构的应用实例。

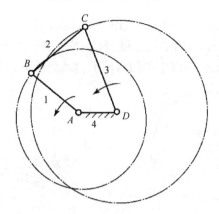

图 8.4　双曲柄机构

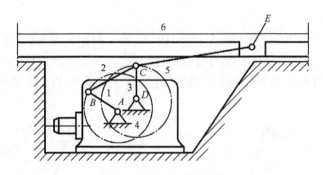

图 8.5　惯性振动筛机构

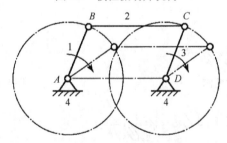

图 8.6　平行四边形机构

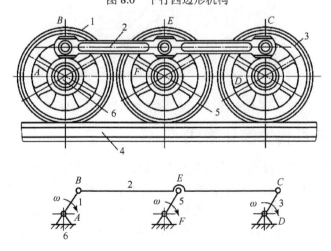

图 8.7　机车车轮联动机构

　　若两相对杆的长度分别相等,但不平行(图 8.8),则称其为逆平行(或反平行)四边形机构。在反平行四边形机构中,当主动曲柄等速转动时,另一曲柄做变速转动,且转动方向与主动曲柄转向相反。图 8.9 所示的公共汽车车门启闭机构就是反平行四边形机构应用的实例。

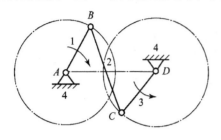

图 8.8　反平行四边形机构

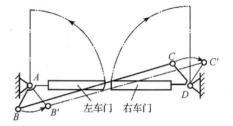

图 8.9　公共汽车车门启闭机构

3. 双摇杆机构

　　若铰链四杆机构的两个连架杆都是摇杆(图 8.10),则称其为双摇杆机构。鹤式起重机的主体机构就是一个双摇杆机构(图 8.11)。在双摇杆机构中,若两摇杆长度相等并最短,则构成等腰梯形机构,图 8.12 为其在汽车、轮式拖拉机前轮的转向机构中的应用。

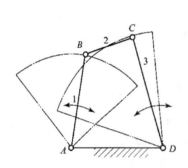

图 8.10　双摇杆机构

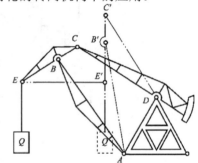

图 8.11　鹤式起重机

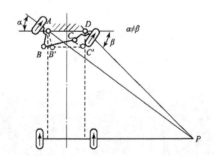

图 8.12　汽车、轮式拖拉机前轮转向机构

8.2.2　平面四杆机构的演化形式

　　以上介绍了铰链四杆机构的 3 种基本形式,除此之外,在机械中还广泛应用着其他形式的四杆机构,虽然它们的外形和构造各不相同,但却往往具有相同的相对运动特性或一定的内在联系。这些形式的四杆机构可以认为是由铰链四杆机构通过演化得到的。值得注意的是尽管演化方式有多种,但都要遵循"不改变构件间的相对运动状况,而只可改变构件的形状或绝对运动"的原则。

1. 选用不同的构件为机架

在平面低副机构中,根据低副运动的可逆性,即当选取不同构件为机架时,各构件之间的相对运动关系不会改变。利用这个运动特点,在四杆机构中,选取不同构件为机架,可以演化出不同形式的机构。这种演化方法在机械原理中也称为机构的倒置。在图 8.13(a)所示的曲柄摇杆机构中,当机架换为构件 1 时,由于转动副 A、B 均为整转副,故它们所对应的连架杆 2、4 均为曲柄,则成为双曲柄机构,如图 8.13(b)所示;当取构件 2 为机架时,由于转动副 B 为整转副,而转动副 C 为摆转副,故转动副 B 所对应的连架杆 1 为曲柄,而转动副 C 所对应的连架杆 3 则为摇杆,该机构仍为曲柄摇杆机构,如图 8.13(c)所示;当取构件 3 为机架时,由于转动副 C、D 均为摆转副,它们所对应的连架杆 2、4 均为摇杆,则演化为双摇杆机构,如图 8.13(d)所示。这种通过更换机架而得到的机构称为原机构的倒置机构。

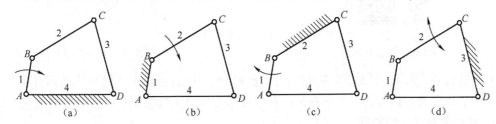

图 8.13　曲柄摇杆机构的倒置

同理,对于图 8.14(a)所示曲柄滑块机构,若分别取构件 1、2 和 3 为机架,则曲柄滑块机构可分别演化为转动导杆机构(图 8.14(b))、曲柄摇块机构(图 8.14(c))和移动导杆机构(图 8.14(d))。而图 8.15(a)所示双滑块机构中,若分别以构件 2(或 3)、构件 1 为机架,双滑块机构可分别演化为正弦机构(图 8.15(b)和(c))和双转块机构(图 8.15(d))。

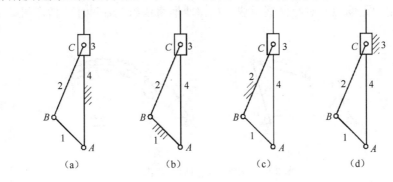

图 8.14　曲柄滑块机构的倒置

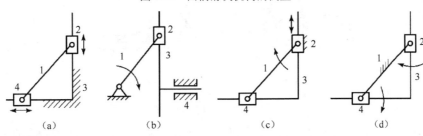

图 8.15　双滑块机构的倒置

在导杆机构中，若导杆能做整周转动，则称为回转导杆机构，图 8.16 所示回转柱塞泵即为应用实例。此外它还常应用于插床和小型刨床中。如果构件 1 的尺寸大于构件 2 的尺寸，即 $l_{AB}>l_{BC}$，则此时导杆 4 仅能摆动，机构为摆动导杆机构，图 8.17 所示的牛头刨床的导杆机构 ABC 即为一例。

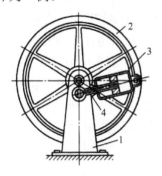

图 8.16　回转柱塞泵

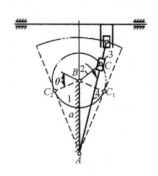

图 8.17　牛头刨床

对于含有两个移动副的双滑块机构，同样经机构的倒置可获得不同形式的四杆机构。此外，机构的倒置也为机构的运动特性分析和尺度综合提供了机构相对运动等效的变换方法。

2. 转动副转化为移动副

图 8.18(a)所示的曲柄摇杆机构运动时，铰链 C 将沿圆弧 $\beta\beta$ 往复运动。如图 8.18(b)所示，将摇杆 3 做成滑块形式，使其沿圆弧导轨 $\beta\beta$ 往复滑动，显然其运动性质并不发生改变，但此时铰链四杆机构已演化为具有曲线导轨的曲柄滑块机构。

又若将图 8.18(a)中摇杆 3 的长度增至无穷大，则图 8.18(b)中的曲线导轨将变成直线导轨，于是机构就演化成为曲柄滑块机构(图 8.19)。图 8.19(a)为具有偏距 e 的偏置曲柄滑块机构；图 8.19(b)则为无偏距的对心曲柄滑块机构。曲柄滑块机构在冲床、内燃机、空压机等中得到了广泛的应用。

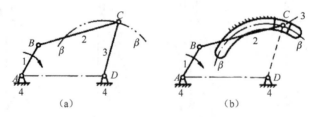

图 8.18　曲线导轨曲柄滑块机构

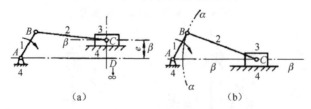

图 8.19　曲柄滑块机构

图 8.19(b)所示的曲柄滑块机构还可进一步演化为图 8.20 所示的双滑块四杆机构。在图 8.20(b)所示的机构中，从动件 3 的位移与原动件 1 的转角的正弦成正比($s=l_{AB}\sin\varphi$)，故称为正弦机构。它多用在仪表和解算装置等中。

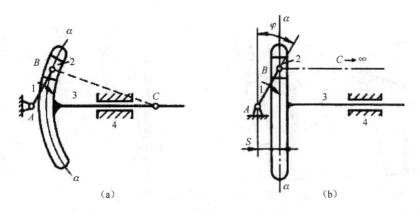

图 8.20　双滑块四杆机构

由此可见，移动副可认为是回转中心在移动副导轨垂直线方向无穷远处的转动副。

3. 改变运动副的尺寸

在图 8.21(a) 所示的曲柄滑块机构中，当曲柄 AB 的尺寸较小时，由于结构的需要，常将曲柄改为图 8.21(b) 所示的偏心盘，其回转中心至几何中心的偏心距等于曲柄的长度，这种机构称为偏心轮机构，其运动特性与曲柄滑块机构完全相同。偏心轮机构可认为是将曲柄滑块机构中的转动副 B 的半径扩大，使之超过曲柄长度演化而成的。图 8.21(c) 所示滑块内置式偏心轮机构则可以认为是将图 8.21(b) 所示移动副 D 的滑块尺寸扩大，使之超过整个偏心轮机构的尺寸演化所得的(以改善移动副的受力情况)。偏心轮机构在锻压设备和柱塞泵等中应用较广。

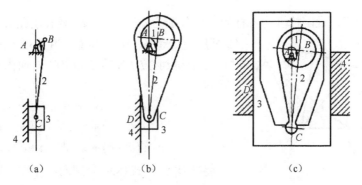

图 8.21　偏心轮机构

4. 运动副元素的逆换

对于移动副来说，将移动副两元素的包容关系进行逆换，并不影响两构件之间的相对运动，但却能演化成不同的机构或机构结构形式。例如，图 8.22(a) 所示的偏置摆动导杆机构，当将构成移动副的构件 2、3 的包容关系进行逆换后，即可演化为空心导杆的偏置导杆机构(图 8.22(b))和具有偏置导杆或偏置滑块的曲柄摇块机构(图 8.22(c) 及 (d))。由于移动副的导路方位线任意平移并不影响其运动特性，这属于机构的运动等效变换。

由上述可见，四杆机构的形式虽然多种多样，但根据演化的概念，可为我们归类研究这些四杆机构提供方便；反之，也可根据演化的概念，设计结构形式各异的四杆机构。

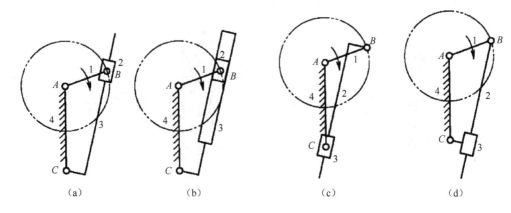

（a） （b） （c） （d）

图 8.22 移动副元素的逆换

8.3 平面四杆机构的基本知识

铰链四杆机构是平面四杆机构的基本形式，其他的四杆机构可认为是由它演化而来的。因此，在此只着重研究铰链四杆机构的一些基本知识，其结论可很方便地应用到其他形式的四杆机构上。

8.3.1 铰链四杆机构有曲柄的条件

平面四杆机构有曲柄的前提是其运动副中存在周转副，故下面先来确定转动副为周转副的条件。

如图 8.23 所示，设四杆机构各杆的长度分别为 a、b、c、d，要转动副 A 成为周转副，则 AB 杆应能处于图中任何位置。当 AB 杆与 AD 杆两次共线时可分别得到 $\triangle DB'C'$ 和 $\triangle DB''C''$，而由三角形的边长关系可得

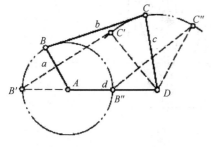

图 8.23 四杆机构有曲柄的条件

$$a+d \leqslant b+c \tag{8.1}$$

$$b \leqslant (d-a)+c, \quad 即 \quad a+b \leqslant c+d \tag{8.2}$$

$$c \leqslant (d-a)+c, \quad 即 \quad a+c \leqslant b+d \tag{8.3}$$

将式(8.1)～式(8.3)分别两两相加，则得

$$a \leqslant d, \; a \leqslant c, \; a \leqslant d \tag{8.4}$$

即 a 杆应为最短杆之一。

分析上述各式，可得出转动副 A 为周转副的条件是：

(1)最短杆长度+最长杆长度≤其余两杆长度之和，此条件称为杆长条件；

(2)组成该周转副的两杆中必有一杆为最短杆。

上述条件表明，当四杆机构各杆的长度满足杆长条件时，有最短杆参与构成的转动副都是周转副，而其余的转动副则是摆转副。

由此可得出，四杆机构有曲柄的条件为：

(1)各杆的长度应满足杆长条件。

(2)其最短杆为连架杆或机架。

当最短杆为连架杆时，机构为曲柄摇杆机构；当最短杆为机架时，机构为双曲柄机构。

在满足杆长条件的四杆机构中，若以最短杆为连杆，则机构为双摇杆机构。但这时由于连杆上的两个转动副都是周转副，故该连杆能相对于两连架杆做整周回转。如果铰链四杆机构各杆的长度不满足杆长条件，则无周转副，此时不论以何杆为机架，均为双摇杆机构。

8.3.2　铰链四杆机构的急回运动和行程速度变化系数

图 8.24 为一曲柄摇杆机构，设曲柄 AB 为原动件，在其转动一周的过程中，有两次与连杆共线，这时摇杆 CD 分别处于两极限位置 C_1D 和 C_2D。机构所处的这两个位置称为极位。机构在两个极位时，原动件 AB 所在两个位置之间的夹角 θ 称为极位夹角。

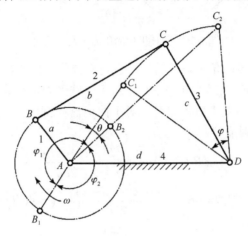

图 8.24　铰链四杆机构的急回特性

如图 8.24 所示，当曲柄以等角速度 ω_1 顺时针转过 $\alpha_1 = 180° + \theta$ 时，摇杆将由位置 C_1D 摆到 C_2D，其摆角为 φ，设所需时间为 t_1，C 点的平均速度为 v_1；当曲柄继续转过 $\alpha_2 = 180° - \theta$ 时，摇杆又从位置 C_2D 回到 C_1D，摆角仍然是 φ，设所需时间为 t_2，C 点的平均速度为 v_2。由于曲柄为等角速度转动，而 $\alpha_1 > \alpha_2$，所以有 $t_1 > t_2$，$v_2 > v_1$。摇杆这种性质的运动称为急回运动。为了表明急回运动的急回程度，可用行程速度变化系数（或称行程速比系数）K 来衡量，即

$$K = v_2 / v_1 = (\widehat{C_1C_2} / t_2) / (\widehat{C_1C_2} / t_1) = t_1 / t_2 = \alpha_1 / \alpha_2 = (180° + \theta) / (180° - \theta) \qquad (8.5)$$

式(8.5)表明，当机构存在极位夹角 θ 时，机构便具有急回运动特性，θ 越大，K 越大，机构的急回运动性质也越显著。

急回机构的急回方向与原动件的回转方向有关，为避免把急回方向弄错，在有急回要求的设备上应明显标识出原动件的正确回转方向。对于有急回运动要求的机械，在设计时，应先确定行程速度变化系数 K，求出 θ 后，再设计各杆的尺寸。

$$\theta = 180°(K - 1) / (K + 1) \qquad (8.6)$$

8.3.3　压力角和传动角

在图 8.25 所示的四杆机构中，若不考虑各运动副中的摩擦力及构件重力和惯性力的影响，则由主动件 AB 经连杆 BC 传递到从动件 CD 上 C 点的力 F 将沿 BC 方向，而力 F 与 C 点速度正向之间的夹角 α 称为机构在此位置时的压力角。而连杆 BC 和从动件 CD 之间所夹的锐角 ∠BCD = γ 称为连杆机构在此位置时的传动角。γ 和 α 互为余角。传动角 γ 越大，对机构的传力越有利。因此，在连杆机构中常用传动角的大小及变化情况来衡量机构传力性能的好坏。

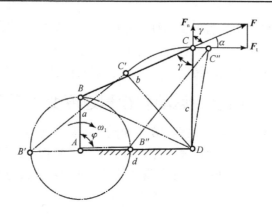

图 8.25　四杆机构的压力角及传动角

在机构运动过程中,传动角 γ 是变化的,它是机构原动件曲柄转角位置的函数。为了保证机构传力性能良好,应使 $\gamma_{\min}$ 为 $40°\sim50°$;对于一些受力很小或不常使用的操纵机构,则可允许传动角小些,只要不发生自锁即可。对于曲柄摇杆机构, $\gamma_{\min}$ 出现在主动曲柄与机架共线的两位置之一处,这时有

$$\gamma_1 = \angle B''C''D = \arccos\frac{b^2 + c^2 - (d-a)^2}{2bc} \tag{8.7}$$

$$\gamma_2 = \angle B'C'D = \arccos\frac{b^2 + c^2 - (d+a)^2}{2bc} \quad (\angle B'C'D < 90°) \tag{8.8}$$

或

$$\gamma_2 = 180° - \arccos\frac{b^2 + c^2 - (d+a)^2}{2bc} \quad (\angle B'C'D > 90°) \tag{8.9}$$

γ_1 和 γ_2 中的小者即 $\gamma_{\min}$ 。

由以上各式可见,传动角的大小与机构中各杆的长度有关,故可按给定的许用传动角来设计四杆机构。

8.3.4　死点

在图 8.26 所示的曲柄摇杆机构中,设以摇杆 CD 为原动件,则当连杆与从动曲柄共线时(虚线位置),机构的传动角 $\gamma = 0$,这时主动件 CD 通过连杆作用于从动件 AB 上的力恰好通过其回转中心,所以出现了不能使构件 AB 转动的"顶死"现象,机构的这种位置称为死点。

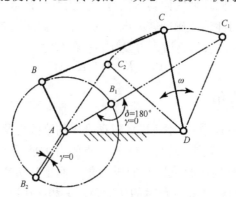

图 8.26　四杆机构的死点

为了使机构能顺利地通过死点而正常运转，必须采取适当的措施，如可采用将两组以上的相同机构组合使用，而使各组机构的死点相互错开排列的方法(图 8.7 所示的机车车轮联动机构，其两侧的曲柄滑块机构的曲柄位置相互错开了 90°)，也可采用安装飞轮加大惯性的方法，借惯性作用闯过死点等。

此外，在工程实践中也常利用机构的死点来实现特定的工作要求。例如，图 8.27 所示的飞机起落架机构，在机轮放下时，杆 BC 与杆 CD 成一直线，此时机轮上虽然受到很大的力，但由于机构处于死点位置，起落架不会反转(折回)，这可使飞机起落和停放更加可靠。图 8.28 所示的折叠桌的收放机构也属这一原理的应用。

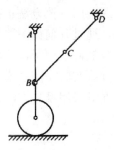

图 8.27 飞机起落架机构

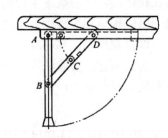

图 8.28 折叠桌收放机构

比较图 8.24 和图 8.26 不难看出，机构的极位和死点实际上是机构的同一位置，仅是机构的原动件不同。当原动件与连杆共线时为极位。在极位附近，由于从动件的速度接近于零，故可获得很大的增力效果(机械利益)。

图 8.29 为连杆式快速夹具，其就是利用死点位置来夹紧工件的。通过在连杆 2 的手柄处施以压力 **F**，使连杆 BC 与连架杆 CD 成一直线，撤去外力 **F** 之后，在工件反弹力 **T** 的作用下，从动件 3 处于死点位置。因此，即使反弹力很大，工件也不会松脱，从而实现夹紧工件的目的。当从动件与连杆共线时为死点。机构在死点时本不能运动，但当因冲击振动等使机构离开死点而继续运动时，从动件的运动方向是不确定的，既可能正转也可能反转，故机构的死点位置也是机构运动的转折点。

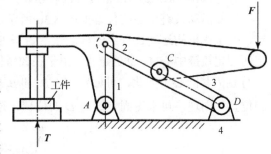

图 8.29 连杆式快速夹具

8.4 平面四杆机构的设计

8.4.1 连杆机构设计的基本问题

平面四杆机构设计的主要任务是：根据工作要求选择合适的机构类型，再按照给定的运动条件和其他附加条件，即结构条件(如要求存在曲柄等)、动力条件(如传动角要求)等，确定机构运动简图的尺寸参数。

生产实践对四杆机构的要求多种多样，归纳起来，主要有以下 3 类问题。

(1)实现已知运动规律。要求主、从动件满足预定的若干对应位置关系；或当原动件运动规律已知时，设计机构使其从动件能准确或近似地按给定的运动规律运动(又称为函数生成问题)。

(2)实现连杆给定的位置。要求机构能引导连杆按规定顺序精确或近似地经过预定的若干位置(又称为刚体引导问题)。

(3)实现已知运动轨迹。要求在机构运动过程中，连杆上某些点能精确或近似地沿着预定的轨迹运动(又称为轨迹生成问题)。

设计四杆机构的方法有解析法、图解法和实验法。解析法是以机构参数来表达各构件间的运动函数关系，通过方程的求解获得有关运动尺寸的方法，因此精度高，但解题方程的建立和求解比较烦琐，随着数学手段的发展和电子计算机的普遍应用，该方法正在逐渐普及；图解法是利用机构运动过程中各运动副位置之间的几何关系，通过几何作图法求解运动参数的方法，所以直观形象、容易理解、求解速度较快，但精度较低，适用于设计简单问题或对精度要求不高的问题；实验法需要利用各种图谱、表格及模型或实验作图试凑等方法来获得机构运动参数，简单直观，但费时，精度亦不太高。设计时究竟采用哪种方法，应按实际情况选择。

8.4.2　用图解法设计四杆机构

对于四杆机构来说，当其铰链中心位置确定后，各杆的长度也就确定了。用图解法进行设计，就是利用各铰链之间相对运动的几何关系，通过作图确定各铰链的位置，从而定出各杆的长度。图解法的优点是直观、简单、快捷，当要求机构满足的位置数目不多于 3 个时，设计也是十分方便的，其设计精度也能满足工作要求，并能为解析法精确求解和优化设计提供初始值，故具有很大的工程实用性。下面分类加以介绍。

1. 已知活动铰链的位置设计四杆机构

已知活动铰链中心的位置如图 8.30 所示，设连杆上两活动铰链中心 B、C 的位置已经确定，要求在机构运动过程中连杆能依次占据 B_1C_1、B_2C_2、B_3C_3 三个位置。设计的任务是要确定两固定铰链中心 A、D 的位置。由于在铰链四杆机构中活动铰链 B、C 的轨迹为圆弧，故 A、D 分别为其圆心。因此，可分别作 $\overline{B_1B_2}$ 和 $\overline{B_2B_3}$ 的垂直平分线 b_{12}、b_{23}，其交点即固定铰链 A 的位置；同理，可求得固定铰链 D 的位置，连接 AB_1、C_1D，即得所求四杆机构。

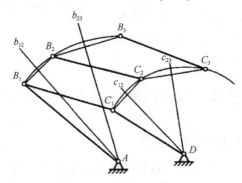

图 8.30　求固定铰链位置

2. 已知固定铰链的位置设计四杆机构

根据机构倒置的概念，改取四杆机构的连杆为机架，则原机构(图 8.31(a))中的固定铰链

A、D 将变为活动铰链，而活动铰链 B、C 将变为固定铰链(图 8.31(b))。这样，就将已知固定铰链中心的位置设计四杆机构的问题转化成了前述问题。而为了求出新连杆 AD 相对于新机架 BC 运动时活动铰链 A、D 的第二个位置，如图 8.31(b)所示，将原机构的第二个位置的构型 AB_2C_2D 视为刚体进行移动，使 B_2C_2 与 B_1C_1 相重合，从而可求得活动铰链 A、D 在倒置机构中的第二个位置 A'、D'。又如图 8.31(c)所示，为了求出 CD 杆在 C_1D 时 A 点的位置，可将原机构第二个位置的构型 AB_2C_2D 视为刚体，绕 D 转动，使 C_2D 与 C_1D 重合，从而可求得铰链 A 倒置机构中的第二个位置 A'。下面举例说明上述原理的应用。

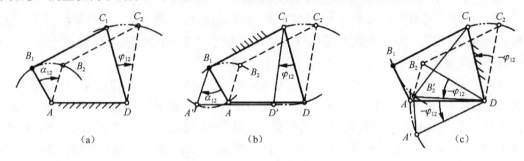

图 8.31 机构倒置法

如图 8.32 所示，已知固定铰链中心 A、D 的位置，以及机构在运动过程中其连杆上的标线 EF 分别占据的 3 个位置 E_1F_1、E_2F_2、E_3F_3。现要求确定两活动铰链中心 B、C 的位置。

设计时，以 E_1F_1(或 E_2F_2、E_3F_3)为倒置机构中新机架的位置，将四边形 AE_2F_2D、四边形 AE_3F_3D 分别视为刚体(这是为了保持在机构倒置前后，连杆和机架在各位置时的相对位置不变)进行移动，使 E_2F_2 和 E_3F_3 均与 E_1F_1 重合。作四边形 $A'E_1F_1D'\cong$ 四边形 AE_2F_2D，四边形 $A''E_1F_1D''\cong$ 四边形 AE_3F_3D，由此即可求得 A、D 点的第二、第三位置 A'、D' 及 A''、D''。由 A、A'、A'' 三点所确定的圆弧的圆心即活动铰链 B 的中心位置 B_1；同样，由 D、D'、D'' 三点可确定活动铰链 C 的中心位置 C_1。AB_1C_1D 即所求的四杆机构。

上面研究了给定连杆 3 个位置时四杆机构的设计问题。如果只给定连杆的两个位置，将有无穷多解，此时可根据其他条件来选定一个解。当要求连杆占据 4 个位置时，若在连杆平面上任选一点作为活动铰链中心(图 8.33)，则因 4 个点位置并不总在同一圆周上，故可能导致无解。不过，德国学者布尔梅斯特尔研究的结果表明，这时总可以在连杆上找到一些点，使其对应的 4 个点位于同一圆周上，这样的点称为圆点。圆点就可选作为活动铰链中心。圆点所对应的圆心称为圆心点，它就是固定铰链中心所在位置，可有无穷多解。

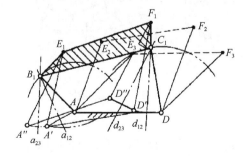

图 8.32 机构倒置法的应用

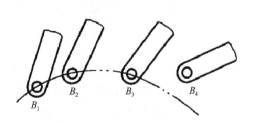

图 8.33 四点不在同一圆周上

如果要求连杆占据预定的 5 个位置，则根据布尔梅斯特尔的研究，可能有解，但只有 2 组或 4 组解，也可能无解(无实解)。在此情况下，即使有解也往往很难令人满意，故一般不按五个预定位置设计。

3. 按两连架杆预定的对应角位移设计四杆机构

(1)按两对对应角位移设计。如图 8.34(a)所示，已知四杆机构机架长度为 d，要求原动件和从动件顺时针依次相应转过对应角度 α_{12}、φ_{12}、α_{13}、φ_{13}。试设计此四杆机构。

在解决这类问题时可用机构倒置的方法。如图 8.34(b)所示，若改取连架杆 CD 为机架，则连架杆 AB 变为连杆，而为了求出倒置机构中活动铰链 A、B 的位置，可将原机构第二位置的构型 AB_2C_2D 视为刚体，绕点 D 反转 $-\varphi_{12}$ 使 C_2D 与 C_1D 重合而求得。因此，这种方法又称为反转法或反转机构法。

根据上述理论，如图 8.34(b)所示，先根据给定的机架长度 d 定出铰链 A、D 的位置，再适当选取原动件 AB 的长度，并任取其第一位置 AB_1，然后根据其转角 α_{12}、α_{13}，定出其第二、第三位置 AB_2、AB_3。为了求得铰链 C 的位置，连接 B_2D、B_3D，并根据反转法原理，将其分别绕 D 点反转 $-\varphi_{12}$ 及 $-\varphi_{13}$，从而得到点 B_2'、B_3'。则 B_1、B_2'、B_3' 三点确定的圆弧的圆心即所求的铰链 C 的位置 C_1。而 AB_1C_1D 即所求的四杆机构。由于 AB 杆的长度和初始位置可以任选，故有无穷多解。

(2)按三对对应角位移设计。当已知两连架杆三对对应角位移时，采用上述反转法可能因铰链 B 的 4 个点位 B_1、B_2'、B_3'、B_4' 不在同一圆周上而无解。但利用下面介绍的方法——点位归并(缩减)法可使此问题获得解决。

图 8.35(a)为已知条件，设计时当选定固定铰链中心 A、D 之后，分别以 A、D 为顶点(图 8.35(b))，按逆时针方向分别作 $\angle xAB_4 = (\alpha_{14} - \alpha_{13})/2$ 和 $\angle xDB_4 = (\varphi_{14} - \varphi_{13})/2$，$AB_4$ 与 DB_4 的交点为 B_4。再以 AB_4 为原动件的长度，根据设计条件定出 AB 的其他 3 个位置 AB_1、AB_2、AB_3。参照上述反转法作图，求得点位 B_2'、B_3'、B_4'。不难证明，B_3' 点与 B_4' 点将重合，亦即将 B_1'、B_2'、B_3'、B_4' 四个点位缩减为 B_1、B_2'、B_3'(B_4')三个点位，其所确定的圆弧的圆心即待求的活动铰链 C_1 的位置，AB_1C_1D 即所求的四杆机构。

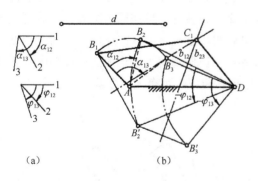

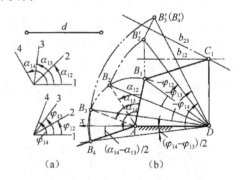

　　　　　图 8.34　反转法设计　　　　　　　　　　　　　　　图 8.35　点位归并法

4. 按给定的急回运动要求设计四杆机构

根据急回运动要求设计四杆机构，主要利用机构在极位时的几何关系。下面以曲柄摇杆机构为例来介绍其设计方法。已知摇杆的长度 $\overline{CD}$、摆角 φ 及行程速度变化系数 K，试设计此曲柄摇杆机构。

设计时，先利用式 $\theta = 180°(K-1)/(K+1)$ 算出极位夹角 θ，并根据摇杆长度 $\overline{CD}$ 及摆角 φ 作出摇杆的两极位 C_1D 及 C_2D，如图 8.36 所示。下面来求固定铰链 A。为此，分别作 C_2M $\perp C_1C_2$ 和 $\angle C_2C_1N = 90°-\theta$，$C_2M$ 与 C_1N 交于 P；再作 $\triangle PC_1C_2$ 的外接圆，则圆弧 $\overparen{C_1PC_2}$ 上任一点 A 都满足 $\angle C_1AC_2 = \theta$，所以固定铰链 A 应选在此弧段上。

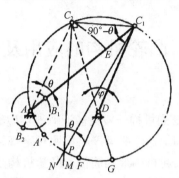

图 8.36 按急回运动要求设计四杆机构

而铰链 A 具体位置的确定尚需给出其他的附加条件。例如，给定机架长度 d（或曲柄长度 a、连杆长度 b、杆长比 b/a、机构的最小传动角 γ_{min} 等），这时 A 点的位置已确定，曲柄和连杆的长度 a 及 b 也随之确定。因 $\overline{AC_1} = b+a$，$\overline{AC_2} = b-a$，故 $a = (\overline{AC_1} - \overline{AC_2})/2$，$b = (\overline{AC_1} + \overline{AC_2})/2$。

设计时，应注意铰链 A 不能选在劣弧段 $\overparen{FG}$ 上，否则机构将不满足运动连续性要求。因为这时机构的两极位 DC_1、DC_2 将分别在两个不连通的可行域内。若铰链 A 选在 $\overparen{C_1G}$、$\overparen{C_2F}$ 两弧段上，则当铰链 A 向 $G(F)$ 点靠近时，机构的最小传动角将随之减小而趋向零，故铰链 A 适当远离 $G(F)$ 点较为有利。

第9章 凸轮机构及其设计

9.1 凸轮机构的应用及分类

9.1.1 凸轮机构的应用

由第 8 章所述可知,平面低副机构一般只能近似地实现给定的运动规律,而且设计比较复杂。当从动件的位移、速度和加速度必须严格按照预定规律变化,尤其当原动件连续运动而从动件间歇运动时,以采用凸轮机构最为简便。凸轮机构是一种常用的高副机构,它在自动化、半自动化机械以及各种生产线中的应用十分广泛。图 9.1 为一内燃机的配气机构。当凸轮 1 回转时,其轮廓将迫使推杆 2 做往复摆动,从而使气阀 3 开启或关闭(关闭是弹簧 4 作用的结果),以控制可燃物质在适当的时间进入气缸或排出废气。至于气阀开启和关闭时间的长短及其速度和加速度的变化规律,则取决于凸轮轮廓曲线的形状。

图 9.2 为一自动机床的进刀机构。当具有凹槽的圆柱凸轮 1 回转时,其凹槽的侧面通过嵌于凹槽中的滚子 3 迫使推杆 2 绕轴 O 做往复摆动,从而控制刀架的进刀和退刀运动。至于进刀和退刀的运动规律,则决定于凹槽曲线的形状。

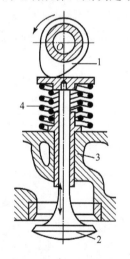

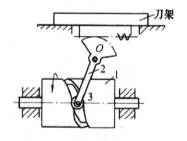

图 9.1 内燃机配气机构　　　　　　图 9.2 自动机床进刀机构

由以上两例可见,凸轮是一个具有曲线轮廓或凹槽的构件。凸轮通常为主动件,做等速转动,但也有做往复摆动或移动的;被凸轮直接推动的构件称为推杆。

不难看出,凸轮机构主要是由凸轮、从动件和机架 3 个基本构件组成的高副机构。在绝大多数的情况下,凸轮机构中主动件是凸轮,它是具有曲线轮廓或凹槽的构件,它运动时,高副接触可以使从动件获得连续或不连续的任意预期往复运动。与低副机构相比,凸轮机构不仅具有构件数少,结构简单、紧凑的优点,而且具有改变凸轮轮廓曲线就能实现从动件的各种预期的运动规律的特点。因此，凸轮机构在自动机床、轻工机械、纺织机械、印刷机械、食品机械、包装机械和机电一体化产品中得到广泛应用。但是凸轮机构是高副机构，凸轮与从动件之间为点或线接触，压强大、易磨损，凸轮轮廓曲线较难加工制造，所以凸轮机构一般只适用于传力不大的场合。

9.1.2　凸轮机构的分类

凸轮机构的类型很多，常按凸轮和推杆的形状及其接触形式来分类。

1. 按凸轮的形状分

(1) 盘形凸轮。这种凸轮是一个具有变化向径的盘形构件(图9.3(a))绕固定轴线回转。图 9.3(b) 所示的凸轮可看作转轴在无穷远处的盘形凸轮的一部分，它做往复直线移动，故称其为移动凸轮。

(2) 圆柱凸轮。这种凸轮是一个在圆柱面上开有曲线回槽(图9.3(c))或在圆柱端面上作出曲线轮廓(图 9.3(d))的构件。由于凸轮与推杆的运动不在同一平面内，所以是一种空间凸轮机构。圆柱凸轮可看作是将移动凸轮卷于圆柱体上形成的。

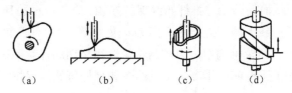

（a）　　　　　（b）　　　　　（c）　　　　　（d）

图9.3　凸轮类型

2. 按推杆的形状分

(1) 尖顶推杆。如图 9.4(a) 和(d) 所示，这种推杆的构造最简单，但易磨损，所以只适用于作用力不大和速度较低的场合，如用于仪表等机构中。

(2) 滚子推杆。如图 9.4(b) 和(e) 所示，这种推杆由于滚子与凸轮轮廓之间为滚动摩擦，所以磨损较小，故可用来传递较大的动力。滚子常采用特制结构的球轴承或滚子轴承。

(3) 平底推杆。如图 9.4(c) 和(f) 所示，这种推杆的优点是凸轮与平底的接触面间易形成油膜，润滑较好，所以常用于高速传动中。

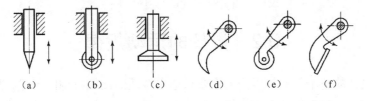

（a）　　　　（b）　　　　（c）　　　　（d）　　　　（e）　　　　（f）

图9.4　推杆类型

3. 按接触形式分

推杆根据运动形式可分为做往复直线运动的直动推杆和做往复摆动的摆动推杆。在直动推杆中，若其轴线通过凸轮的回转轴心，则称其为对心直动推杆，否则称为偏置直动推杆。

综合上述分类方法，就可得到各种类型的凸轮机构。例如，图 9.1 为直动平底推杆盘形凸轮机构。

根据凸轮与推杆的接触形式，凸轮机构又可分为以下两类。

（1）力封闭的凸轮机构。它利用推杆的重力、弹簧力（图 9.5）来使推杆与凸轮保持接触。

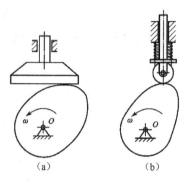

图 9.5　凸轮的力封闭

（2）几何封闭的凸轮机构。它利用凸轮或推杆的特殊几何结构使凸轮与推杆保持接触。例如，在图 9.6（a）所示的沟槽凸轮机构中，利用凸轮上的回槽与置于槽中的推杆上的滚子使凸轮与推杆保持接触。在图 9.6（b）所示的共轭凸轮（又称主回凸轮）机构中，用两个固结在一起的凸轮控制同一推杆，从而使凸轮与推杆始终保持接触。在图 9.6（c）所示的等径凸轮机构中，因凸轮理论轮廓线在径向线上两点之间的距离 D 处处相等，故可使凸轮与推杆始终保持接触。而在图 9.6（d）所示的等宽凸轮机构中，因与凸轮轮廓线相切的任意两平行线间的宽度 B 处处相等，且等于推杆内框上下壁间的距离，所以凸轮和推杆可始终保持接触。

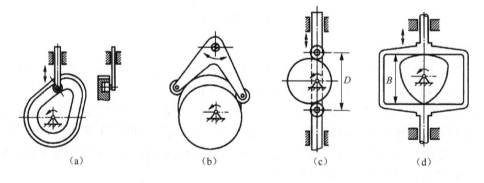

图 9.6　凸轮的几何封闭

9.2　推杆的运动规律

凸轮机构设计的基本任务是根据工作要求选定合适的凸轮机构的形式、推杆的运动规律和有关的基本尺寸，然后根据选定的推杆运动规律设计出凸轮应有的轮廓线。推杆运动规律的选择关系到凸轮机构的工作质量。本节将介绍推杆常用的运动规律，并对推杆运动规律的选择问题作简要的讨论。

9.2.1　凸轮机构的基本术语和符号

图 9.7 为一对心直动尖顶推杆盘形凸轮机构及推杆的位移线图。凸轮逆时针转动，凸轮轮廓线由 AB、BC、CD 和 DA 四段曲线组成。

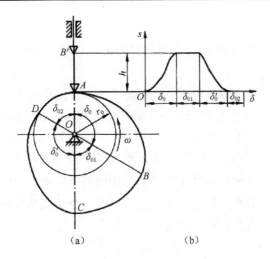

图 9.7　对心直动尖顶推杆盘形凸轮机构

1. 基圆

以凸轮的回转中心为圆心、凸轮轮廓的最小向径为半径所作的圆称为凸轮的基圆。基圆半径用 r_0 表示，如图 9.7(a) 所示。

2. 推程及推程运动角 δ_0

凸轮与推杆在 A 点接触时，推杆处于最低位置。当凸轮沿逆时针转动时，推杆在向径逐渐增大的凸轮轮廓线 AB 段的推动下，以一定的运动规律由最低位置 A 被推到最高位置 B'，推杆运动的这一过程称为推程，而相应的凸轮转角 δ_0 称为推程运动角。

3. 远休止及远休止角 δ_{01}

凸轮轮廓线 BC 段是以凸轮轴心 O 为圆心的圆弧，其向径对应凸轮轮廓线上的最大向径，当推杆与凸轮轮廓线的 BC 段接触时，凸轮匀速转动，推杆将停留在最高位置保持不动，这一过程称为远休止，与之相应凸轮转角 δ_{01} 称为远休止角。

4. 回程及回程运动角 δ_0'

凸轮轮廓线 CD 段的向径逐渐减小，当推杆与凸轮轮廓线的 CD 段接触时，推杆按一定的运动规律由最高位置又回到最低位置，这一过程称为回程，相应的凸轮转角 δ_0' 称为回程运动角。

5. 近休止及近休止角 δ_{02}

凸轮轮廓线 DA 段是以凸轮轴心 O 为圆心的圆弧，其向径对应凸轮轮廓线上的最小向径，当推杆与凸轮轮廓线 DA 接触时，推杆将停留在最低位置静止不动，这一过程称为近休止，相应的凸轮转角 δ_{02} 称为近休止角。

6. 行程 h

推杆从最低位置运动到最高位置或从最高位置回到最低位置所走过的距离称为行程 h。

7. 凸轮转角 δ

凸轮绕自身轴线转过的角度称为凸轮转角。一般情况下，凸轮转角从推程的起始点在基圆上开始度量，对于对心直动推杆凸轮机构，其值等于推程起始点与凸轮轮廓线上对应点之间的圆心角。

8. 推杆位移 s

凸轮转过转角 δ 时，推杆所运动的距离称为推杆位移。推杆位移 s 从基圆上开始向外度量。

图 9.7(b) 给出了对应于凸轮机构一个工作循环的推杆位移线图，横坐标代表凸轮转角 δ，纵坐标代表推杆位移 s，推杆位移线图反映了推杆位移随时间或凸轮转角变化的规律。当凸轮转过推程运动角 δ_0 时，推杆按照一定的运动规律从最低位置上升到最高位置，走过的距离为行程 h；当凸轮接着转过远休止角 δ_{01} 时，推杆的位移保持为 h 不变；当凸轮又转过回程运动角 δ_0' 时，推杆从最大位移 h 处按照一定的运动规律回到最低点；当凸轮转过近休止角 δ_{02} 时，推杆停留在最低位置保持不动，位移为零。显然，在一个运动循环中，推程运动角、远休止角、回程运动角和近休止角之间应该满足以下关系：

$$\delta_0 + \delta_{01} + \delta_0' + \delta_{02} = 360°$$

在设计凸轮机构时，凸轮的 δ_0、δ_{01}、δ_0' 和 δ_{02} 应根据实际的工作要求选择，如果没有远休止过程和近休止过程，则其远休止角和近休止角均等于零。

9.2.2　推杆常用的运动规律

推杆的运动规律是指推杆位移 s、速度 v 和加速度 a 随凸轮转角 δ 变化的规律。图 9.7(b) 就是其推杆的位移变化规律。根据推杆运动规律所用不同的数学表达式，常用的主要有多项式运动规律和三角函数运动规律两类。下面分别加以介绍。

1. 多项式运动规律

推杆的多项式运动规律的一般表达式为

$$s = C_0 + C_1\delta^1 + C_2\delta^2 + \cdots + C_n\delta^n \tag{9.1}$$

式中，δ 为凸轮转角；s 为推杆位移；$C_0, C_1, C_2, \cdots, C_n$ 为待定系数，可利用边界条件等来确定。常用的有以下几种多项式运动规律。

(1) 一次多项式运动规律。设凸轮以等角速度 ω 转动，在推程时，凸轮推程运动角为 δ_0，推杆完成行程 h，当采用一次多项式运动规律时，有

$$\begin{cases} s = C_0 + C_1\delta \\ v = \mathrm{d}s/\mathrm{d}t = C_1\omega \\ a = \mathrm{d}v/\mathrm{d}t = 0 \end{cases} \tag{9.2}$$

取边界条件如下：

在始点处 $\delta = 0$，$s = 0$；

在终点处 $\delta = \delta_0$，$s = h$。

由式 (9.2) 可得 $C_0 = 0$，$C_1 = h/\delta_0$，故推杆推程的运动方程为

$$\begin{cases} s = h\delta/\delta_0 \\ v = h\omega/\delta_0 \\ a = 0 \end{cases} \tag{9.3a}$$

在回程时，因规定推杆位移总是由其最低位置算起，故推杆位移 s 是逐渐减小的，而其运动方程为

$$\begin{cases} s = h(1 - \delta / \delta_0') \\ v = -h\omega / \delta_0' \\ a = 0 \end{cases} \quad (9.3b)$$

式中，δ_0' 为凸轮回程运动角，注意凸轮转角 δ 总是从该段运动规律的起始位置计量起。

由上述可知，推杆此时做等速运动，故又称其为等速运动规律。图 9.8 为其推程段的运动线图。由图可见，其推杆在运动开始和终止的瞬时，因速度有突变，故推杆在理论上将出现无穷大的加速度和惯性力，会使凸轮机构受到极大的冲击，这种冲击称为刚性冲击。

(2) 二次多项式运动规律，其表达式为

$$\begin{cases} s = C_0 + C_1\delta + C_2\delta^2 \\ v = \mathrm{d}s / \mathrm{d}t = C_1\omega + 2C_2\omega\delta \\ a = \mathrm{d}v/\mathrm{d}t = 2C_2\omega^2 \end{cases} \quad (9.4)$$

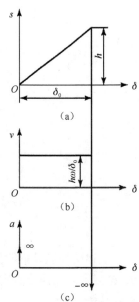

图 9.8 等速运动规律

由式 (9.4) 可见，这时推杆的加速度为常数。为了保证凸轮机构运动的平稳性，通常应使推杆先做加速运动，后做减速运动。设在加速段和减速段凸轮的推程运动角及推杆的行程各占一半 (即各为 $\delta_0/2$ 及 $h/2$)。这时，推程加速段的边界条件如下：

在始点处 $\delta = 0$，$s = 0$，$v = 0$；

在终点处 $\delta = \delta_0/2$，$s = h/2$。

将其代入式 (9.4)，可求得 $C_0 = 0$，$C_1 = 0$，$C_2 = 2h/\delta_0^2$，故推杆等加速推程段的运动方程为

$$\begin{cases} s = 2h\delta^2 / \delta_0^2 \\ v = 4h\omega\delta / \delta_0^2 \\ a = 4h\omega^2 / \delta_0^2 \end{cases} \quad (9.5a)$$

式中，δ 为 $0 \sim \delta_0/2$。

由式 (9.5a) 可见，在此阶段，推杆位移 s 与凸轮转角 δ 的平方成正比，故其位移曲线为一段向上弯的抛物线，如图 9.9 所示。

推程减速段的边界条件如下：

在始点处 $\delta = \delta_0/2$，$s = h/2$；

在终点处 $\delta = \delta_0$，$s = h$，$v = 0$。

将其代入式 (9.4)，可得 $C_0 = -h$，$C_1 = 4h/\delta_0$，$C_2 = -2h/\delta_0^2$，故推杆等减速推程段的运动方程为

$$\begin{cases} s = h - 2h(\delta_0 - \delta)^2 / \delta_0^2 \\ v = 4h\omega(\delta_0 - \delta) / \delta_0^2 \\ a = -4h\omega^2 / \delta_0^2 \end{cases} \quad (9.5b)$$

式中，δ 为 $\delta_0/2 \sim \delta_0$。这时，推杆的位移曲线 (图 9.9) 为一段向下弯曲的抛物线。

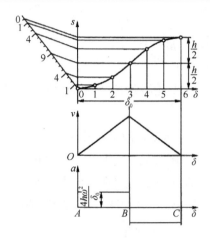

图 9.9 等加速等减速推程运动规律

上述两种运动规律的结合构成推杆的等加速等减速推程运动规律。由图 9.9 可见，其在 A、B、C 三点的加速度有突变，不过这一突变为有限值，因而引起的冲击较小，故称这种冲击为柔性冲击。

回程时的等加速等减速运动规律的运动方程如下。

等加速回程：

$$\begin{cases} s = h - 2h\delta^2 / \delta_0'^2 \\ v = -4h\omega\delta / \delta_0'^2 \qquad (\delta = 0 \sim \delta_0' / 2) \\ a = -4h\omega^2 / \delta_0'^2 \end{cases} \tag{9.6a}$$

等减速回程：

$$\begin{cases} s = 2h(\delta_0' - \delta)^2 / \delta_0'^2 \\ v = -4h\omega(\delta_0' - \delta) / \delta_0'^2 \qquad (\delta = \delta_0' / 2 \sim \delta_0') \\ a = 4h\omega^2 / \delta_0'^2 \end{cases} \tag{9.6b}$$

(3) 五次多项式运动规律。当采用五次多项式时，其推程时的表达式为

$$\begin{cases} s = C_0 + C_1\delta + C_2\delta^2 + C_3\delta^3 + C_4\delta^4 + C_5\delta^5 \\ v = \mathrm{d}s / \mathrm{d}t = C_1\omega + 2C_2\omega\delta + 3C_3\omega\delta^2 + 4C_4\omega\delta^3 + 5C_5\omega\delta^4 \\ a = \mathrm{d}v/\mathrm{d}t = 2C_2\omega^2 + 6C_3\omega^2\delta + 12C_4\omega^2\delta^2 + 20C_5\omega^2\delta^3 \end{cases} \tag{9.7}$$

因待定系数有 6 个，故可设定 6 个边界条件如下：

在起始处 $\delta = 0$，$s = 0$，$v = 0$，$a = 0$；

在终点处 $\delta = \delta_0$，$s = h$，$v = 0$，$a = 0$。

代入式 (9.7) 可解得 $C_0 = C_1 = C_2 = 0$，$C_3 = 10h/\delta_0^3$，$C_4 = -15h/\delta_0^4$，$C_5 = 6h/\delta_0^5$，故其位移方程式为

$$s = 10h\delta^3 / \delta_0^3 - 15h\delta^4 / \delta_0^4 + 6h\delta^5 / \delta_0^5 \tag{9.8}$$

式 (9.8) 称为五次多项式 (或 3-4-5 多项式)。图 9.10 为其推程时的运动线图。由图可见，此运动规律既无刚性冲击也无柔性冲击。

如果工作中有多种要求，只需把这些要求列成相应的边界条件，并增加多项式中的方次，即可求得推杆相应的运动方程式。但当边界条件增多时，会使设计计算复杂，加工精度也难以达到，故通常不宜采用太高次数的多项式。

2. 三角函数运动规律

(1) 余弦加速度运动规律(又称简谐运动规律),其推程时的运动方程为

$$\begin{cases} s = h[1 - \cos(\pi\delta / \delta_0)] / 2 \\ v = \pi h\omega \sin(\pi\delta / \delta_0) / (2\delta_0) \\ a = \pi^2 h\omega^2 \cos(\pi\delta / \delta_0) / (2\delta_0^2) \end{cases} \tag{9.9a}$$

回程时的运动方程为

$$\begin{cases} s = h[1 + \cos(\pi\delta / \delta_0')] / 2 \\ v = -\pi h\omega \sin(\pi\delta / \delta_0') / (2\delta_0') \\ a = -\pi^2 h\omega^2 \cos(\pi\delta / \delta_0') / (2\delta_0'^2) \end{cases} \tag{9.9b}$$

其推程时的运动线图如图 9.11 所示。由图可见,在首、末两点推杆的加速度有突变,故有柔性冲击而无刚性冲击。

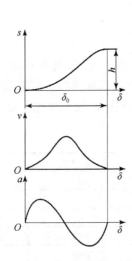
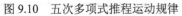

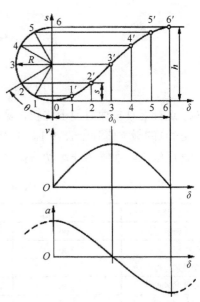

图 9.10　五次多项式推程运动规律　　　　　　　图 9.11　余弦加速度推程运动规律

(2) 正弦加速度运动规律(又称摆线运动规律),其推程时的运动方程为

$$\begin{cases} s = h[(\delta / \delta_0) - \sin(2\pi\delta / \delta_0) / (2\pi)] \\ v = h\omega[1 - \cos(2\pi\delta / \delta_0)] / \delta_0 \\ a = 2\pi h\omega^2 \sin(2\pi\delta / \delta_0) / \delta_0^2 \end{cases} \tag{9.10a}$$

回程时的运动方程为

$$\begin{cases} s = h[1 - (\delta / \delta_0') + \sin(2\pi\delta / \delta_0') / (2\pi)] \\ v = h\omega[\cos(2\pi\delta / \delta_0') - 1] / \delta_0' \\ a = -2\pi h\omega^2 \sin(2\pi\delta / \delta_0') / \delta_0'^2 \end{cases} \tag{9.10b}$$

其推程时的运动线图如图 9.12 所示。由图可见,其既无刚性冲击也无柔性冲击。

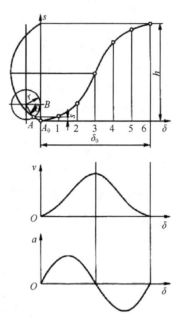

图 9.12　正弦加速度推程运动规律

　　为了选择运动规律时便于比较，现将一些常用运动规律的速度、加速度和跃度(加速度对时间的导数)的最大值列于表 9.1。由表可知，等加速等减速运动规律和正弦加速度运动规律的最大速度较大，而除等速运动规律之外，正弦加速度运动规律的最大加速度最大。

表 9.1　各种运动规律的特性

运动规律	最大速度 v_{max}	最大加速度 a_{max}	最大跃度 j_{max}	适用场合
等速	1.00	∞	∞	低速轻载
等加速等减速	2.00	4.00	∞	中速轻载
余弦加速度	1.57	4.93	∞	中低速重载
正弦加速度	2.00	6.28	39.5	中高速轻载
五次多项式	1.88	5.77	60.0	高速中载

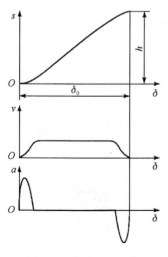

图 9.13　组合运动规律

　　除上面介绍的推杆常用的几种运动规律外，根据工作需要，还可以选择其他类型的运动规律，或者将几种运动规律组合使用，以改善推杆的运动和动力特性。例如，在凸轮机构中，为了避免冲击，推杆不宜采用加速度有突变的运动规律。可是，如果工作过程又要求推杆必须采用等速运动规律，此时为了同时满足推杆等速运动及加速度不产生突变的要求，可将等速运动规律适当地加以修正。例如，把推杆的等速运动规律在其行程两端与正弦加速度运动规律组合起来(图 9.13)，以获得性能较好的组合运动规律。

　　构造组合运动规律应根据工作的需要，首先考虑用哪些运动规律来参与组合，其次要保证各段运动规律在衔接点上的运动参数(位移、速度、加速度等)的连续性，并在运动的起始和终止处满足边界条件。

9.2.3　推杆运动规律的选择

选择推杆运动规律，需满足机器的工作要求，还应使凸轮机构具有良好的动力特性和使所设计的凸轮便于加工等。下面仅就凸轮机构的工作条件区分几种情况作简要的说明。

(1)机器的工作过程只要求凸轮转过某一角度 δ 时推杆完成行程 h，对推杆的运动规律无严格要求。在此情况下，可考虑采用圆弧、直线等简单的曲线作为凸轮的轮廓曲线。

(2)机器的工作过程对推杆的运动规律有完全确定的要求。某些模拟计算机中用以实现一些特定函数关系的凸轮机构就是如此，此时推杆的运动规律已无选择余地。

(3)对于速度较高的凸轮机构，即使机器工作过程对推杆的运动规律并无具体要求，但应考虑到机构的运动速度较高，若推杆的运动规律选择不当，则会产生很大的惯性力、冲击和振动，从而影响机器的强度、寿命和正常工作。为了改善其动力性能，在选择推杆的运动规律时应考虑该种运动规律的一些特性值，如速度最大值 $v_{\max}$、加速度最大值 $a_{\max}$ 和跃度最大值 $j_{\max}$ 等。用于高速分度的凸轮机构，若分度工作台的惯量较大，就不宜选用 $v_{\max}$ 较大的运动规律。这是因为工作台的最大动能与 $v^2_{\max}$ 成正比，要其迅速停止和起动都比较困难。

9.3　凸轮轮廓曲线的设计

在根据工作要求和结构条件选定凸轮结构的形式、基本尺寸、推杆的运动规律和凸轮的转向后，就可进行凸轮轮廓曲线的设计了。凸轮轮廓曲线（简称凸轮廓线）的设计有作图法和解析法两种，首先介绍凸轮廓线设计的基本原理。

9.3.1　凸轮轮廓曲线设计方法的基本原理

凸轮轮廓曲线设计所依据的基本原理是反转法原理。下面就对此原理加以介绍。图 9.14 为一对心直动尖顶推杆盘形凸轮机构。当凸轮以角速度 ω 绕轴 O 转动时，推杆在凸轮的推动下实现预期的运动。现设想给整个凸轮机构加上一个公共角速度 $-\omega$，使其绕轴心 O 转动。这时凸轮与推杆之间的相对运动并未改变，但凸轮将静止不动，而推杆则一方面随其导轨以角速度 $-\omega$ 绕轴心 O 转动，另一方面在导轨内做预期的往复移动。在这种复合运动中，推杆尖顶的运动轨迹即凸轮轮廓曲线。

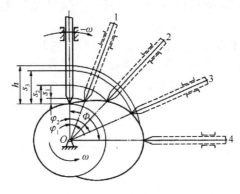

图 9.14　反转法原理

根据上述分析,在设计凸轮廓线时,可假设凸轮静止不动,而使推杆相对于凸轮沿-ω 方向做反转运动,同时又在其导轨内做预期的运动,如图 9.14 所示,这样就作出了推杆的一系列位置,将其尖顶所占据的一系列位置 1,2,3,… 连成平滑曲线,这就是所要求的凸轮廓线。

9.3.2 用作图法设计凸轮的轮廓曲线

1. 偏置直动尖顶从动件盘形凸轮机构

图 9.15(a) 为偏置直动尖顶从动件盘形凸轮机构,已知凸轮基圆半径 r_0、从动件导路的偏距 e 以及从动件的位移线图(图 9.15(b)),设凸轮以等角速度 ω 顺时针转动,要求绘出此凸轮的轮廓曲线。

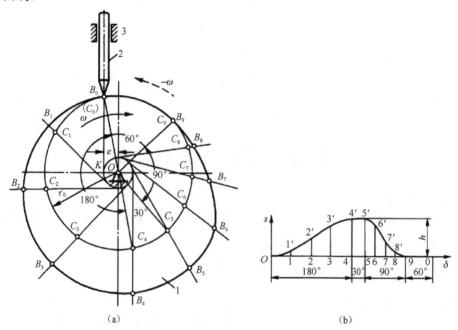

图 9.15　偏置直动尖顶从动件盘形凸轮轮廓曲线的绘制

应用反转法原理,绘制此凸轮轮廓曲线的步骤如下。

(1) 选取适当比例尺 μ_l(此处选 $\mu_l = \mu_s$),以 r_0 为半径作基圆,以 e 为半径作偏距圆且与从动件导路中心线切于点 K,基圆与从动件导路中心线的交点 $B_0(C_0)$ 即从动件推程的起始位置。

(2) 将位移线图 s-δ 的推程运动角和回程运动角分别作若干等份(图中各为 4 等份)。

(3) 从 OC_0 开始,沿 ω 的反方向量取推程运动,推程运动角 $\delta_0 = \angle C_0OC_4 = 180°$、远休止角 $\delta_{01} = \angle C_4OC_5 = 30°$、回程运动角 $\delta_0' = \angle C_5OC_9 = 90°$、近休止角 $\delta_{02} = \angle C_9OC_0 = 60°$,并将此处的推程运动角和回程运动角分成与图 9.15(b) 中的推程运动角和回程运动角相同的等份(也为 4 等份),得 $C_1,C_2,C_3,\cdots$ 和 $C_6,C_7,C_8,\cdots$。

(4) 过 $C_1,C_2,C_3,\cdots$ 作与 B_0K 一样切向的一系列偏距圆的切线,它们便是反转后从动件导路中心线的一系列位置。

(5) 沿以上各切线从基圆开始量取从动件相应的位移量,即取线段 $\overline{C_1B_1} = \overline{11'}$,$\overline{C_2B_2} = \overline{22'}$,$\cdots$ 得反转后从动件尖顶的一系列位置 $B_1,B_2,B_3,\cdots$。

（6）将点 B_0、B_1、B_2 连成光滑曲线（B_4 和 B_5 之间以及 B_9 和 B_0 之间均为以 O 为圆心的圆弧），即得到所求的凸轮轮廓曲线。

若偏距 $e = 0$，则成为对心直动尖顶从动件盘形凸轮机构。这时，从动件的导路中心线通过凸轮的回转中心 O，反转后偏距圆的切线变为过凸轮回转中心的径向射线，其设计方法与上述相同。

2. 偏置直动滚子从动件盘形凸轮机构

图 9.16 为偏置直动滚子从动件盘形凸轮机构，其凸轮轮廓曲线的绘制可按下述方法进行：首先把滚子中心看作尖顶从动件的尖顶，假想去掉滚子，则成为偏置直动尖顶从动件盘形凸轮机构，按照上面讲述的方法画出一条轮廓曲线 η；然后以 η 上各点为中心、以滚子半径为半径作一系列圆；最后作这些圆的内包络线 η'，它便是偏置直动滚子从动件盘形凸轮机构凸轮的实际轮廓曲线，而 η 称为此凸轮的理论轮廓曲线。由作图过程可知，偏置直动滚子从动件盘形凸轮机构中，基圆半径 r_0 和后面要讲述的压力角 a 均对理论轮廓曲线而言。

同样，若偏距 $e = 0$，则成为对心直动滚子从动件盘形凸轮机构，其设计方法与上述相同。

3. 对心直动平底从动件盘形凸轮机构

图 9.17 为对心直动平底从动件盘形凸轮机构，其凸轮实际轮廓曲线的画法与上述相仿。首先，将平底与导路中心线的交点 B_0 当作从动件的尖顶，按照尖顶从动件凸轮轮廓曲线的绘制方法，求出尖顶反转后的一系列位置 $B_1, B_2, B_3, \cdots$；其次，过这些点画一系列的平底，得一平底直线簇；最后作此平底直线簇的包络线，即可得到凸轮的实际轮廓曲线。

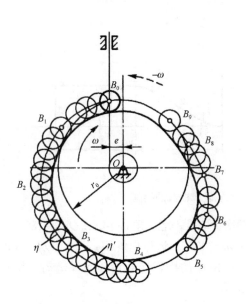

图 9.16　偏置直动滚子从动件盘形凸轮轮廓曲线的绘制

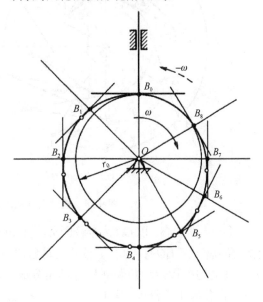

图 9.17　对心直动平底从动件盘形凸轮轮廓曲线的绘制

由以上作图过程可知，对于直动平底从动件盘形凸轮机构，无论导路是对心还是偏置，也不管把平底上哪一点看作尖顶，所得到的平底直线簇是完全一样的。因此，由平底直线簇包络所得的凸轮实际轮廓曲线也完全是一样的。

4. 摆动尖顶从动件盘形凸轮机构

图 9.18(a)为摆动尖顶从动件盘形凸轮机构，已知凸轮基圆半径 r_0、凸轮与从动件的中心距 a、从动件的长度 l 以及从动件的角位移线图(图 9.18(b))，设凸轮以等角速度 ω 顺时针转动，要求绘出此凸轮的轮廓曲线。

仍然应用反转法原理，可设想给整个凸轮机构加上一个绕其回转中心 O 转动的公共角速度 $-\omega$，这时凸轮与从动件之间的相对运动并未改变，但此时凸轮相对静止不动，而摆动从动件则一方面随机架 AO 以角速度 $-\omega$ 绕 O 转动，另一方面绕点 A 做预期的往复摆动。因此，这种凸轮轮廓曲线的绘制可按如下步骤进行。

(1)选取适当的比例尺 μ_l，根据给定的 a 分别定出凸轮的转动中心 O 和从动件的摆动中心 A_0。以 r_0 为半径作基圆，再以 A_0 为圆心、以 l 为半径作圆弧交基圆于点 $B_0(C_0)$(如果要求从动件推程逆时针摆动，则 B_0 在 OA_0 的右方，反之，则在 OA_0 的左方)，该点即摆动从动件尖顶的初始位置。

(2)将角位移线图 $\varphi\text{-}\delta$ 中的推程运动角和回程运动角分别分成若干等份(图中各为 4 等份)，求出各等分点对应的角位移值 $\varphi_1 = \mu_\varphi \overline{11'}$，$\varphi_2 = \mu_\varphi \overline{22'}$，…($\mu_\varphi$ 为角位移比例尺)。

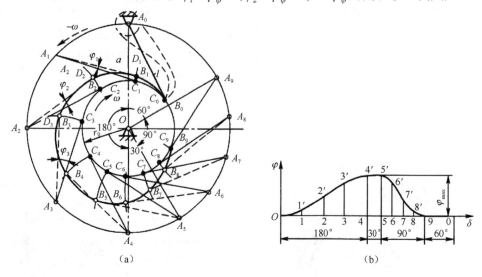

图 9.18　摆动尖顶从动件盘形凸轮轮廓曲线的绘制

(3)以 O 圆心、以 OA 为半径画圆。沿 $-\omega$ 方向顺次量取推程运动角 $\delta_0 = \angle A_0OA_4 = 180°$、远休止角 $\delta_{01} = \angle A_4OA_5 = 30°$、回程运动角 $\delta_0' = \angle A_5OA_9 = 90°$、近休止角 $\delta_{02} = \angle A_9OA_0 = 60°$，并将此处的推程运动角和回程运动角分成与图 9.18(b)中的推程运动角和回程运动角相同的等份(也各为 4 等份)，得 $A_1, A_2, A_3, \cdots$ 和 $A_6, A_7, A_8, \cdots$。

(4)以 $A_1, A_2, A_3, \cdots$ 为圆心及 l 为半径作一系列圆弧，分别与基圆交于 $C_1, C_2, C_3, \cdots$，从 $A_1C_1, A_2C_2, A_3C_3, \cdots$ 开始，沿逆时针方向量取与图 9.18(b)对应的从动件摆角 $\varphi_1, \varphi_2, \varphi_3, \cdots$，得摆动从动件反转后相对于凸轮的一系列位置 $A_1, A_2, A_3, \cdots$，它们与各圆弧分别交于点 $B_1, B_2, B_3, \cdots$

(5)将点 $B_0, B_1, B_2, \cdots$ 连成光滑封闭曲线，即所求的摆动尖顶从动件盘形凸轮轮廓曲线。

由图可见，有几个位置(如 3、4、5 等)凸轮轮廓曲线与直杆形摆动从动件 AB 发生干涉，这样就不能实现预期的运动规律。为了保证从动件尖顶始终与凸轮轮廓曲线接触，从动件必须呈弯杆形。

同前所述，如果是摆动滚子或平底从动件，则可把上述求得的 $B_1, B_2, B_3, \cdots$ 看作摆动尖顶从动件反转后尖顶的一系列位置，将这些点连成一条光滑的曲线，即理论轮廓曲线，只要在其上选一系列点作滚子圆或平底，再作它们的包络线，就得到实际轮廓曲线。

9.3.3　用解析法设计凸轮的轮廓曲线

下面将以盘形凸轮机构的设计为例加以介绍。

1. 偏置直动滚子推杆盘形凸轮机构

如图 9.19 所示，建立 Oxy 坐标系，B_0 点为凸轮推程段廓线的起始点。开始时推杆滚子中心处于 B_0 点处，当凸轮转角为 δ 时，推杆产生相应的位移 s。由图可看出，此时滚子中心处于 B 点，其直角坐标为

$$\begin{cases} x = (s_0 + s)\sin\delta + e\cos\delta \\ y = (s_0 + s)\cos\delta - e\sin\delta \end{cases} \tag{9.11}$$

式中，e 为偏距；$s_0 = \sqrt{r_0^2 - e^2}$。式(9.11)即凸轮的理论廓线方程式。

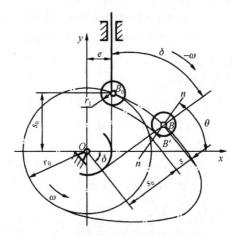

图 9.19　偏置直动滚子推杆盘形凸轮廓线设计

因为工作廓线与理论廓线在法线方向的距离应等于滚子半径 r_r，故当已知理论廓线上任意点 $B(x,y)$ 时，只要沿理论廓线在该点的法线方向取距离为 r_r，即得工作廓线上的相应点 $B'(x',y')$。由高等数学可知，理论廓线 B 点处法线 nn 的斜率(与切线斜率互为负倒数)应为

$$\tan\theta = \mathrm{d}x / \mathrm{d}y = (\mathrm{d}x / \mathrm{d}\delta) / (-\mathrm{d}y / \mathrm{d}\delta) = \sin\theta / \cos\theta \tag{9.12}$$

根据式(9.11)，有

$$\begin{cases} \mathrm{d}x / \mathrm{d}\delta = (\mathrm{d}s / \mathrm{d}\delta - e)\sin\delta + (s_0 + s)\cos\delta \\ \mathrm{d}y / \mathrm{d}\delta = (\mathrm{d}s / \mathrm{d}\delta - e)\cos\delta - (s_0 + s)\sin\delta \end{cases} \tag{9.13}$$

可得

$$\begin{cases} \sin\theta = (\mathrm{d}x / \mathrm{d}\delta) / \sqrt{(\mathrm{d}x / \mathrm{d}\delta)^2 + (\mathrm{d}y / \mathrm{d}\delta)^2} \\ \cos\theta = -(\mathrm{d}y / \mathrm{d}\delta) / \sqrt{(\mathrm{d}x / \mathrm{d}\delta)^2 + (\mathrm{d}y / \mathrm{d}\delta)^2} \end{cases} \tag{9.14}$$

工作廓线上对应点 $B'(x', y')$ 的坐标为

$$\begin{cases} x' = x \mp r_{\mathrm{r}} \cos \theta \\ y' = y \mp r_{\mathrm{r}} \sin \theta \end{cases} \tag{9.15}$$

此即凸轮的工作廓线方程式。式中"$-$"号用于内等距曲线，"$+$"号用于外等距曲线。另外，式 (9.13) 中，e 为代数值，其正负规定如下：如图 9.19 所示，当凸轮沿逆时针方向回转时，若推杆处于凸轮回转中心的右侧，e 为正，反之为负；当凸轮沿顺时针方向回转时，相反。

2. 对心平底推杆(平底与推杆轴线垂直)盘形凸轮机构

如图 9.20 所示，取坐标系的 y 轴与推杆轴线重合，当凸轮转角为 δ 时，推杆的位移为 s。根据反转法可知，此时推杆平底与凸轮应在 B 点相切。又由瞬心知识可知，此时凸轮与推杆的相对瞬心在 P 点，故推杆的速度为

$$v = v_p = \overline{OP}\omega$$

或

$$\overline{OP} = v / \omega = \mathrm{d}s / \mathrm{d}\delta$$

而由图可知，B 点的坐标为

$$\begin{cases} x = (r_0 + s)\sin \delta + (\mathrm{d}s / \mathrm{d}\delta)\cos \delta \\ y = (r_0 + s)\cos \delta - (\mathrm{d}s / \mathrm{d}\delta)\sin \delta \end{cases} \tag{9.16}$$

此即凸轮工作廓线的方程式。

3. 摆动滚子推杆盘形凸轮机构

如图 9.21 所示，取摆动推杆的轴心 A 与凸轮轴心 O 的连线为坐标系的 y 轴，在反转运动中，当推杆相对于凸轮转角为 δ 时，摆动推杆处于图示 AB 位置，其角位移为 φ，则 B 点的坐标为

$$\begin{cases} x = a\sin \delta - l\sin(\delta + \varphi + \varphi_0) \\ y = a\cos \delta - l\cos(\delta + \varphi + \varphi_0) \end{cases} \tag{9.17}$$

式中，φ_0 为推杆的初始位置角，其值为

$$\varphi_0 = \arccos \sqrt{(a^2 + l^2 - r_0^2) / (2al)} \tag{9.18}$$

式 (9.17) 为凸轮理论廓线方程，其工作廓线则仍按式 (9.15) 计算。

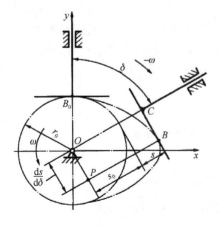

图 9.20　对心平底推杆盘形凸轮廓线设计

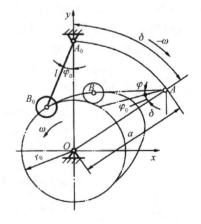

图 9.21　摆动滚子推杆盘形凸轮廓线设计

9.4　凸轮机构基本尺寸的确定

前述凸轮廓线设计中，基圆半径 r_0、滚子半径 r_r 等基本结构参数都假设是给定的，而在实际设计中，这些参数均需设计者自行确定。下面仅就凸轮机构基本尺寸确定时应考虑的主要因素加以分析和讨论。

1. 凸轮机构的压力角

凸轮与从动件间正压力的方向线(即公法线 nn)与从动件受力点速度的方向线所夹的锐角称为凸轮机构的压力角，记为 α。图 9.22 给出了几种常见盘形凸轮机构的压力角示例。

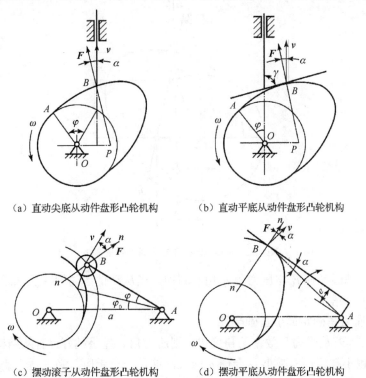

(a) 直动尖底从动件盘形凸轮机构　　　　　　(b) 直动平底从动件盘形凸轮机构

(c) 摆动滚子从动件盘形凸轮机构　　　　　　(d) 摆动平底从动件盘形凸轮机构

图 9.22　几种常见的盘形凸轮机构的压力角

压力角 α 是影响凸轮机构受力情况的一个重要参数。α 越大，力 F 在从动件运动方向的有效分力就越小，效率越低。

工程上，为避免机械效率偏低，改善其受力情况，规定最大压力角 $\alpha_{\max}$ 小于等于许用压力角 $[\alpha]$，即 $\alpha_{\max} \leqslant [\alpha]$。在实际应用中，推程许用压力角一般规定为：直动从动件取$[\alpha]=30° \sim 35°$；摆动从动件取$[\alpha]=35° \sim 45°$。回程时，对于形封闭凸轮机构，回程与推程许用压力角取同值；对于力封闭凸轮机构，回程许用压力角可取$[\alpha]=70° \sim 80°$。

2. 压力角与凸轮基圆半径的关系

在图 9.23 中，点 P 为凸轮和从动件在图示位置的速度瞬心，故有

$$\omega \overline{OP} = \frac{\mathrm{d}s}{\mathrm{d}t} = \frac{\mathrm{d}s}{\mathrm{d}\delta}\frac{\mathrm{d}\delta}{\mathrm{d}t} = \frac{\mathrm{d}s}{\mathrm{d}\delta}\omega$$

即
$$\overline{OP} = \frac{\mathrm{d}s}{\mathrm{d}\delta} = \frac{v}{\omega}$$

由图 9.23 可得

$$\tan\alpha = \frac{\left| \mathrm{d}s/\mathrm{d}\delta - e \right|}{s + \sqrt{r_0^2 - e^2}} \tag{9.19}$$

或

$$r_0 = \sqrt{\left(\frac{\left| \mathrm{d}s/\mathrm{d}\delta - e \right|}{\tan\alpha} - s \right)^2 + e^2} \tag{9.20}$$

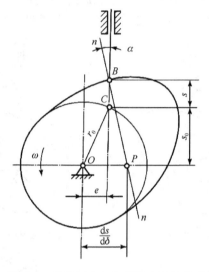

图 9.23 凸轮压力角与基圆半径的关系

由此可知，基圆半径 r_0 与压力角 α 相互制约。当从动件运动规律及偏距 e 选定后，减小基圆半径会使压力角增大。

3. 按许用压力角确定最小基圆半径

由前述可知，若从受力和效率的角度讲，则压力角 α 越小越好；若从结构紧凑的角度讲，则基圆半径 r_0 越小越好，但减小 r_0 会使 α 增大，这是一对矛盾，必须适当兼顾。设计上通常采用下述原则处理：以凸轮机构的最大压力角 $\alpha_{\max}$ 不超过其许用压力角 $[\alpha]$ 为先决条件，来确定出最小的基圆半径。

根据这一原则，在式 (9.20) 中令 $\alpha = [\alpha]$，则有

$$[r_0] = \sqrt{\left(\frac{\left| \mathrm{d}s/\mathrm{d}\delta - e \right|}{\tan[\alpha]} - s \right)^2 + e^2} \tag{9.21}$$

式中，s 及 $\dfrac{\mathrm{d}s}{\mathrm{d}\delta}$ 是凸轮转角 δ 的函数，当取一定的转角间隔（即步长）计算时，所得出的 $[r_0]$ 实际上是数列，该数列中必然有最大的 $[r_0]$，将其记为 $[r_0]_{\max}$。只要取 $r_0 \geqslant [r_0]_{\max}$，则在整个区间内的压力角就不超过许用值。为使基圆半径尽可能地小，不妨取等号，这时的 r_0 是在一定偏距下满足 $\alpha_{\max} = [\alpha]$ 条件的最小基圆半径，即

$$r_{0\min} = [r_0]_{\max} \tag{9.22}$$

4. 运动失真及滚子半径的确定

凸轮廓线从几何上讲由内凹和外凸两部分曲线构成。图 9.24(a)为内凹廓线，η 为理论廓线，η'为工作廓线。设理论廓线在某点的曲率半径为 ρ，工作廓线在对应点的曲率半径为 ρ'，则由图 9.24(a)可看出，二者与滚子半径 r_r 间的关系为 $\rho' = \rho + r_r$。这样，不论滚子半径大小如何，ρ'恒大于零。

图 9.24(b)为外凸廓线，由图可看出，$\rho' = \rho - r_r$。当 $r_r < \rho$ 时，$\rho' > 0$，工作廓线为光滑曲线；当 $r_r = \rho$ 时，$\rho' = 0$，工作廓线出现图 9.24(c)所示的尖点，极易磨损；当 $r_r > \rho$ 时，$\rho' < 0$，工作廓线出现图 9.24(d)所示的交叉，交叉部分在实际制造中将被切去，致使从动件不能按预期的运动规律运动，这种现象称为运动失真。

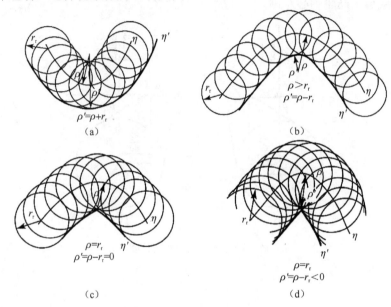

图 9.24　凸轮工作廓线形状与滚子半径的关系

由高等数学知，理论廓线上任意点的曲率半径的计算公式为

$$\rho = \frac{\left(\dot{x}^2 + \dot{y}^2\right)^{3/2}}{\dot{x}\ddot{y} - \dot{y}\ddot{x}} \tag{9.23}$$

式中，

$$\dot{x} = \frac{\mathrm{d}s}{\mathrm{d}\delta}, \quad \dot{y} = \frac{\mathrm{d}y}{\mathrm{d}\delta}, \quad \ddot{x} = \frac{\mathrm{d}^2 x}{\mathrm{d}\delta^2}, \quad \ddot{y} = \frac{\mathrm{d}^2 y}{\mathrm{d}\delta^2}$$

当用计算机进行辅助设计时，可以逐点用数值法计算 ρ，最后找出最小值 ρ_{min}。

工程设计上，通常按 $r_r \leqslant 0.8\rho_{min}$ 来确定滚子半径。同时还规定，工作廓线的最小曲率半径 ρ'_{min} 一般不应小于 $2r_r$。当不能满足此要求时，要设法修改其设计，如适当减小 r_r 或增大 r_0，或修改从动件的运动规律，以避免工作廓线过于尖凸。

5. 平底长度的确定

在设计平底从动件盘形凸轮机构时，为了保证机构在运转过程中从动件平底与凸轮廓线始终正常接触，还必须确定平底的长度。由图 9.25 可知，平底长度 l 理论上应满足以下条件，即

$$l = 2\overline{OP}_{max} + \Delta l = 2\left(\frac{\mathrm{d}s}{\mathrm{d}\delta}\right)_{max} + \Delta l \qquad (9.24)$$

式中，Δl 为附加长度，由具体的结构而定，一般取 $\Delta l = 5 \sim 7\mathrm{mm}$。

6. 偏距的设计

从动件的偏置方向直接影响凸轮机构压力角的大小，因此，在选择从动件的偏置方向时，应注意尽可能减小凸轮机构在推程阶段的压力角。由式(9.20)可知，增大偏距 e 既可使压力角减小，也可使压力角增大，取决于凸轮的转动方向和从动件的偏置方向。从动件偏置方向的原则是：若凸轮逆时针回转，则应使从动件轴线偏于凸轮轴心右侧；若凸轮顺时针回转，则应使从动件轴线偏于凸轮轴心左侧。

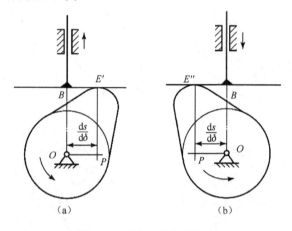

图 9.25　平底从动件的长度

第10章 齿轮机构及其设计

10.1 齿轮机构的特点及类型

齿轮机构是在各种机构中应用较广泛的一种传动机构。它依靠轮齿齿廓直接接触来传递空间任意两轴间的运动和动力。齿轮机构的类型很多。对于由一对齿轮组成的齿轮机构，依据两齿轮轴线的不同相对位置，齿轮机构可分为如下几类。

1. 用于平行轴间传动的齿轮机构

图10.1为用于平行轴间传动的圆形齿轮机构。其中，图10.1(a)为外啮合齿轮机构，两轮转向相反；图10.1(b)为内啮合齿轮机构，两轮转向相同。图10.1(c)为齿轮与齿条机构，齿条可视为轴心在无穷远处的圆形齿轮，工作时做直线移动。

图10.1(a)～(c)中各齿轮的齿向与齿轮轴线的方向一致，称为直齿轮。图10.1(d)中的轮齿的齿向相对于齿轮的轴线倾斜了一个角度，称为斜齿轮；图10.1(e)为人字齿轮，它可视为由螺旋角方向相反的两个斜齿轮组成。

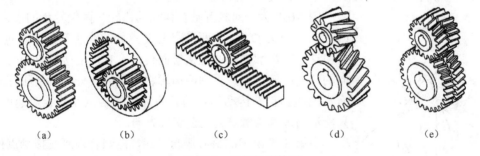

| (a) | (b) | (c) | (d) | (e) |

图10.1 平行轴齿轮副

2. 用于相交轴间传动的齿轮机构

图10.2为用于相交轴间传动的锥齿轮机构，它有直齿(图10.2(a))和曲线齿(图10.2(b))之分。直齿锥齿轮应用最广；曲线齿锥齿轮由于传动平稳、承载能力高，常用于高速重载的传动中，如汽车、拖拉机、飞机等的传动中。

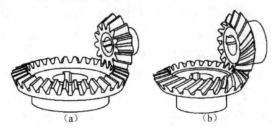

| (a) | (b) |

图10.2 相交轴齿轮副

3. 用于交错轴间传动的齿轮机构

图 10.3 为用于交错轴间传动的齿轮机构。图 10.3（a）为交错轴斜齿轮机构，图 10.3（b）为蜗杆机构，图 10.3（c）为准双曲面齿轮机构。

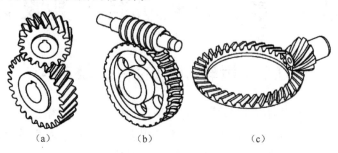

（a）　　　　　　　　（b）　　　　　　　　（c）

图 10.3　交错轴齿轮副

10.2　齿廓啮合基本定律

圆柱齿轮的齿面与垂直于其轴线的平面的交线称为齿廓。对齿轮整周传动而言，不论两齿轮的齿廓如何，其平均传动比总等于齿数的反比，即

$$i_{12} = n_1 / n_2 = z_2 / z_1 \tag{10.1}$$

但其瞬时传动比却与齿廓的形状有关，分析如下。

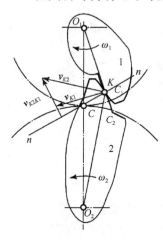

图 10.4　齿廓啮合基本定律

图 10.4 为一对相互啮合传动的齿轮。两轮轮齿的齿廓 C_1、C_2 于某一点 K 接触，设两齿廓上 K 点处的线速度分别为 v_{K1}、v_{K2}。要使这一对齿廓能够通过接触面传动，它们沿接触点的公法线方向的分速度应相等，否则两齿廓将不是彼此分离就是相互嵌入，而不能达到正常传动的目的。两齿廓接触点间的相对速度 v_{K1K2} 只能沿两齿廓接触点处的公切线方向。

由第 3 章所述的瞬心概念可知，两啮合齿廓在接触点处的公法线 nn 与两齿轮连心线 O_1O_2 的交点 P 即两齿轮的相对瞬心，故两轮此时的传动比为

$$i_{12} = \omega_1 / \omega_2 = \overline{O_2P} / \overline{O_1P} \tag{10.2}$$

式（10.2）表明，相互啮合传动的一对齿轮在任一位置时的传动比，都与其连心线 O_1O_2 被其啮合齿廓在接触点处的公法线所分成的两线段长成反比。这一规律称为齿廓啮合基本定律。根据这一定律可知，齿轮的瞬时传动比与齿廓形状有关，可根据齿廓曲线来确定齿轮的传动比；反之，也可以根据给定的传动比来确定齿廓曲线。

齿廓公法线 nn 与两轮连心线 O_1O_2 的交点 P 称为节点。由式（10.2）可知，若要求两齿轮的传动比为常数，则应使 $\overline{O_1P} / \overline{O_2P}$ 为常数。若齿轮轴心 O_1、O_2 为定点，则 P 点在连心线上也为定点。故两齿轮做定传动比传动的条件是：不论两轮齿廓在何位置接触，过接触点所作的两齿廓公法线与两齿轮的连心线交于定点。

由于两齿轮做定传动比传动时，节点 P 为连心线上的一个定点，故 P 点在齿轮 1 的运动平面（与齿轮 1 相固连的平面）上的轨迹是一个以 O_1 为圆心、$\overline{O_1P}$ 为半径的圆。同理，P 点在

齿轮 2 运动平面上的轨迹是一个以 O_2 为圆心、$\overline{O_2P}$ 为半径的圆。这两个圆分别称为齿轮 1 与齿轮 2 的节圆。而由上述可知,两齿轮的节圆相切于 P 点,且在 P 点速度相等($\omega_1\overline{O_1P} = \omega_1\overline{O_1P}$),即在传动过程中, 两齿轮的节圆做纯滚动。

当要求两齿轮做变传动比传动时,节点 P 就不再是连心线上的一个定点,而是按传动比的变化规律在连心线上移动。这时,P 点在齿轮 1、齿轮 2 运动平面上的轨迹也就不是圆,而是一条非圆曲线,称为节线, 如图 10.5 所示。

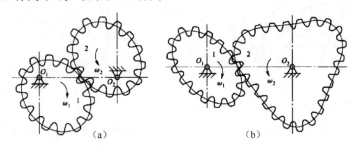

图 10.5 非圆齿轮机构

凡能按预定传动比规律相互啮合传动的一对齿廓称为共轭齿廓。理论上,对于预定的传动比,只要给定任一齿轮的齿廓曲线和中心距,就可根据齿廓啮合基本定律求出与其啮合传动的另一齿轮上的共轭齿廓曲线。

能满足一定传动比规律的共轭齿廓曲线是很多的,但在生产实践中,选择齿廓曲线时,不仅要满足传动比的要求,而且必须从设计、制造、安装和使用等多方面予以综合考虑。对于定传动比的齿轮来说,目前最常用的齿廓曲线是渐开线齿廓,其次是摆线齿廓和变态摆线齿廓,近年来还有圆弧齿廓、抛物线圆齿廓和余弦齿廓等。

渐开线齿廓具有良好的传动性能,且便于制造、安装、测量和互换使用,因此它的应用较广泛, 故本章着重介绍渐开线齿廓的齿轮。

10.3 渐开线齿廓及其啮合特点

10.3.1 渐开线的形成及其特性

如图 10.6 所示,当一直线 $\overline{BK}$ 沿一圆周做纯滚动时,直线上任意点 K 的轨迹 AK 就是该圆的渐开线,该圆称为渐开线的基圆,它的半径用 r_b 表示;直线 $\overline{BK}$ 称为渐开线的发生线;θ_K 称为渐开线上 K 点的展角。

根据渐开线的形成过程, 可知渐开线具有下列特性。

(1)发生线上 $\overline{BK}$ 线段长度等于基圆上被滚过的弧长 $\overarc{AB}$, 即 $\overline{BK} = \overarc{AB}$。

(2)渐开线上任一点 K 处的法线必与其基圆相切,且切点 B 为渐开线 K 点的曲率中心,线段 $\overline{BK}$ 为曲率半径。渐开线上各点的曲率半径不同,离基圆越近, 曲率半径越小, 在基圆上其曲率半径为零。

(3)渐开线的形状取决于基圆半径。在展角相同处,基圆半径越大,其渐开线的曲率半径也越大(图 10.7)。当基圆半径为无穷大时,其渐开线就变成一条直线,故齿条的齿廓曲线为直线。

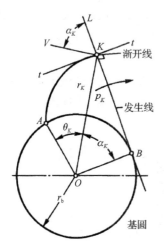
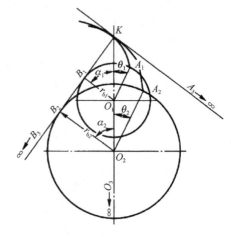

图 10.6　渐开线的形成　　　　　　　　　图 10.7　渐开线形状与基圆半径的关系

(4) 基圆以内无渐开线。

渐开线的上述特性是研究渐开线齿轮啮合传动的基础。

10.3.2　渐开线函数

在图 10.6 中，设 r_K 为渐开线在任意点 K 的向径。当此渐开线与其共轭齿廓在 K 点啮合时，此齿廓在该点所受正压力的方向(即法线方向)与该点的速度方向(垂直于 OK 方向)之间所夹的锐角 α_K 称为渐开线在该点的压力角，由直角 $\triangle BOK$ 可得

$$\cos\alpha_K = r_b / r_K \tag{10.3}$$

又因

$$\tan\alpha_K = \frac{\overline{BK}}{r_b} = \frac{\overparen{AB}}{r_b} = \frac{r_b(\alpha_K + \theta_K)}{r_b}$$

故得

$$\theta_K = \tan\alpha_K - \alpha_K \tag{10.4}$$

由式(10.4)可知，展角 θ_K 是压力角 α_K 的函数，称为渐开线函数，即

$$\mathrm{inv}\,\alpha_K = \theta_K = \tan\alpha_K - \alpha_K$$

由式(10.3)及式(10.4)可得渐开线的极坐标方程式为

$$\begin{cases} r_K = r_b / \cos\alpha_K \\ \theta_K = \mathrm{inv}\,\alpha_K = \tan\alpha_K - \alpha_K \end{cases} \tag{10.5}$$

在研究渐开线齿轮啮合传动时经常用到上述渐开线方程。当已知压力角 α_K 时，可直接求出展角 θ_K；但当已知 θ_K 求 α_K 时，则需要求超越方程。为了方便计算，工程上已将 α_K 的渐开线函数值列成表格以备查用。

10.3.3　渐开线齿廓的啮合特点

1. 渐开线齿廓满足定传动比要求

两齿轮加工完成之后，其基圆半径已完全确定，因此当两齿轮位置固定不动时，两基圆一侧的内公切线是唯一的。根据渐开线的性质可知，渐开线上任意一点的法线必与基圆相切，

故两基圆的内公切线 N_1N_2 即过啮合点所作的齿廓公法线。因此，如图 10.8 所示，两齿廓 G_1、G_2 在任意点 K、K' 接触啮合的公法线也是一条固定的直线，所以它与连心线 O_1O_2 的交点 P 必为定点。由此说明渐开线齿廓满足定传动比要求。

又由图 10.8 可知，$\triangle O_1PN_1 \backsim \triangle O_2PN_2$，因此传动比可写成

$$i_{12} = \frac{\omega_2}{\omega_1} = \frac{\overline{O_2P}}{\overline{O_1P}} = \frac{r_2'}{r_1'} = \frac{r_{b2}}{r_{b1}} = 常数 \qquad (10.6)$$

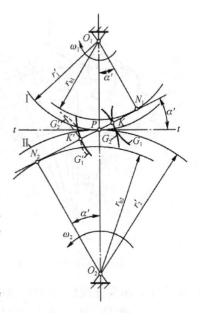

图 10.8　渐开线齿廓的啮合特性

式 (10.6) 说明渐开线齿廓满足齿廓啮合基本定律，具有定角速度比，其值与基圆半径成反比。这一特性可以减少因速度变化而产生的附加动载荷、振动及噪声，延长齿轮使用寿命，提高机器工作精度。

2. 渐开线齿廓具有可分性

可分性即当两轮中心距略有变动时，其传动比仍能保持不变的特性。

渐开线齿轮的传动比与两轮基圆半径成反比，而齿轮加工后基圆是定值，因此即使两轮的实际中心距与设计中心距略有偏差，也不会影响传动比，这一特性称为渐开线的可分性。这对于渐开线齿轮的加工安装、使用和维护都是十分有利的，是迄今为止在各种齿廓曲线中渐开线齿廓所独有的。

3. "四线合一"，位置不变

一对渐开线齿廓在任何位置啮合时，其接触点的公法线即两基圆的内公切线，如前所述，它为一条定直线。因此，一对渐开线齿廓从开始啮合到最终脱离啮合，各啮合点的轨迹称为啮合线，也必然与之重合，是同一条定直线。

若不考虑两齿廓间的摩擦力，两条渐开线齿廓之间的相互作用力始终在齿廓公法线上，当主动轮匀角速度转动且传递的功率为常数时，一对渐开线齿廓间的相互作用力大小、方向均不变，相当于一对静力，因而渐开线齿轮传动平稳，不易产生振动。

综上所述，啮合线和啮合点的公法线、两基圆的内公切线以及齿廓间正压力的方向线均为同一条固定的直线 N_1N_2，其"四线合一"，且位置不变。

4. 啮合角恒等于节圆压力角

如图 10.8 所示，啮合线 N_1N_2 与两轮节圆公切线 tt 之间所夹的锐角 α' 称为啮合角，其大小可反映出"四线"的倾斜程度。显然由图中几何关系可知，$\angle N_1O_1P = \angle N_2O_2P = \alpha'$。因此，一对啮合传动的渐开线齿廓的啮合角恒等于两轮齿廓的节圆压力角。

渐开线齿廓还具有较好的工艺性、互换性以及设计计算比较简单等优点，因此在现代工业中获得极其广泛的应用。

10.4　渐开线标准齿轮的基本参数和几何尺寸

10.4.1　齿轮各部分的名称和符号

图 10.9 为标准直齿圆柱外齿轮的一部分。齿轮各部分名称与符号如下。

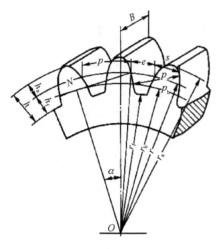

图 10.9 齿轮各部分的名称和符号

(1)齿顶圆。过轮齿顶端所作的圆称为齿顶圆，其半径用 r_a 表示，直径用 d_a 表示。

(2)齿根圆。过轮齿槽底所作的圆称为齿根圆，其直径用 d_f 表示。

(3)齿厚。任意圆周上一个轮齿两侧齿廓间的弧线长度称为该圆周上的齿厚，以 s_i 表示。

(4)齿槽宽。任意圆周上齿槽两侧齿廓间的弧线长度称为该圆周上的齿槽宽，以 e_i 表示。

(5)齿距。任意圆周上相邻两齿同侧齿廓之间的弧线长度称为该圆周上的齿距，以 p_i 表示。在同一圆周上，齿距等于齿厚与齿槽宽之和，即

$$p_i = s_i + e_i \tag{10.7}$$

相邻两齿同侧齿廓之间的法线长度称为法向齿距，以 p_n 表示，由渐开线性质可知，法向齿距 p_n 等于基圆齿距 p_b。

(6)分度圆。为了便于齿轮设计和制造而选择的一个尺寸参考圆称为分度圆，其半径、直径、齿厚、齿槽宽和齿距分别以 r、d、s、e 和 p 表示。

(7)齿顶高。轮齿介于分度圆与齿顶圆之间的部分称为齿顶，其径向高度称为齿顶高，以 h_a 表示。

(8)齿根高。轮齿介于分度圆与齿根圆之间的部分称为齿根，其径向高度称为齿根高，以 h_f 表示。

(9)齿全高。齿顶高与齿根高之和称为齿全高，以 h 表示，显然

$$h = h_a + h_f \tag{10.8}$$

10.4.2 渐开线齿轮的基本参数

1. 齿数

齿轮在整个圆周上轮齿的总数称为齿数，用 z 表示。

2. 模数

由齿距的定义可知，分度圆周长为 $\pi d = pz$，则分度圆直径为 $d = (p / \pi)z$。由此可见，当以分度圆作为几何计算的基准圆时，无理数 π 的出现给齿轮的计算、制造和测量等带来不便。因此，引入模数的概念，并作为齿轮的一个重要参数。模数用 m 表示，模数的定义为齿距 p 与 π 的比值，即

$$m = p / \pi \tag{10.9}$$

故齿轮的分度圆直径 d 可表示为

$$d = mz$$

齿数相同的齿轮，模数越大，齿轮的尺寸越大，轮齿的强度也越高。模数 m 已标准化，表 10.1 为国家标准 GB/T 1357—2008 所规定的标准模数系列。在设计齿轮时，若无特殊需要，应选用标准模数。

表 10.1 标准模数系列（GB/T 1357—2008）

第一系列	1，1.25，1.5，2，2.5，3，4，5，6，8，10，12，16，20，25，32，40，50
第二系列	1.125，1.375，1.75，2.25，2.75，3.5，4.5，5.5，(6.5)，7，9，11，14，18，22，28，35，45

注：① 本表适用于渐开线圆柱齿轮，对斜齿轮是指法面模数；

② 选用模数时，应优先选用第一系列，其次是第二系列，括号内的模数尽可能不用。

3. 分度圆压力角（简称压力角）

由式(10.3)可知，同一渐开线齿廓上各点的压力角不同。通常所说的齿轮压力角是指在其分度圆上的压力角，以 α 表示。根据式(10.3)有

$$\alpha = \arccos(r_b / r) \tag{10.10}$$

或

$$r_b = r \cos\alpha = \frac{zm}{2} = \cos\alpha \tag{10.11}$$

压力角是决定齿廓形状的主要参数；国家标准 GB/T 1356—2001 中规定，分度圆上的压力角为标准值，$\alpha = 20°$。在一些特殊场合（如工程机械、航空工业等），α 也允许采用其他值。

4. 齿顶高系数和顶隙系数

齿轮的齿顶高与其模数的比值称齿顶高系数，用 h_a^* 表示；一对啮合传动的齿轮副中，一个齿轮齿顶圆与另一个齿轮齿根圆之间的径向距离称为顶隙（或径向间隙），顶隙与模数的比值称为顶隙系数，用 c^* 表示。国家标准 GB/T 1356—2001 中规定：$h_a^* = 1$，$c^* = 0.25$。

10.4.3 渐开线标准齿轮各部分的几何尺寸

齿轮的五个基本参数一经选定，齿轮的几何尺寸（包括齿廓形状）即可确定。渐开线标准齿轮是指 m、α、h_a^*、c^* 均为标准值，而且分度圆齿厚等于齿槽宽的渐开线齿轮。为了便于计算和设计，现将渐开线标准直齿圆柱齿轮传动几何尺寸的计算公式列于表 10.2 中。

表 10.2 渐开线标准直齿圆柱齿轮传动几何尺寸的计算公式

名称	符号	公式	
		小齿轮	大齿轮
模数	m	（根据齿轮受力情况和结构需要确定，选取标准值）	
压力角	α	选取标准值	
分度圆直径	d	$d_1 = mz_1$	$d_2 = mz_2$
齿顶高	h_a	$h_{a1} = h_{a2} = h_a^* m$	
齿根高	h_f	$h_{f1} = h_{f2} = (h_a^* + c^*)m$	
齿全高	h	$h = h_{a1} + h_{f1} = h_{a2} + h_{f2}$	
齿顶圆直径	d_a	$d_{a1} = (z_1 + 2h_a^*)m$	$d_{a2} = (z_2 + 2h_a^*)m$
齿根圆直径	d_f	$d_{f1} = (z_1 - 2h_a^* - 2c^*)m$	$d_{f2} = (z_2 - 2h_a^* - 2c^*)m$
基圆直径	d_b	$d_{b1} = d_1 \cos\alpha$	$d_{b2} = d_2 \cos\alpha$
齿距	p	$p = \pi m$	
基圆齿距（法向齿距）	p_b	$p_b = p \cos\alpha$	

续表

名称	符号	公式	
		小齿轮	大齿轮
齿厚	s	$s = \pi m / 2$	
齿槽宽	e	$e = \pi m / 2$	
任意圆（半径为 r_i）齿厚	s_i	$s_i = s r_i / r - 2 r_i (\mathrm{inv}\alpha_i - \mathrm{inv}\alpha)$	
顶隙	c	$c = c^* m$	
标准中心距	a	$a = m(z_1 + z_2) / 2$	
节圆直径	d'	（当中心距为标准中心距 a 时）$d' = d$	
传动比	i	$i_{12} = \omega_1 / \omega_2 = z_2 / z_1 = d_2' / d_1' = d_2 / d_1 = d_{b2} / d_{b1}$	

10.4.4 内齿轮和齿条的尺寸

1. 内齿轮

图 10.10 为内齿圆柱齿轮。它的轮齿分布在空心圆柱体的内表面上，与外齿轮相比较有下列不同点。

(1) 内齿轮的轮齿相当于外齿轮的齿槽，内齿轮的齿槽相当于外齿轮的轮齿。

(2) 内齿轮的齿根圆直径大于齿顶圆直径。

(3) 为了使内齿轮齿顶的齿廓全部为渐开线，其齿顶圆直径必须大于基圆直径。

2. 齿条

如图 10.11 所示，齿条与齿轮相比有以下 3 个主要特点。

(1) 齿条相当于齿数无穷多的齿轮。故齿轮中的圆在齿条中都变成了直线，即齿顶线、分度线、齿根线等。

(2) 齿条的齿廓是直线，所以齿廓上各点的法线是平行的，又由于齿条做直线移动，故其齿廓上各点的压力角相同，并等于齿廓直线的齿形角 α。

(3) 齿条上各同侧齿廓是平行的，所以在与分度线平行的各直线上其齿距相等（即 $p_i = p = \pi m$）。

齿条的基本尺寸可参照外齿轮的计算公式进行计算。

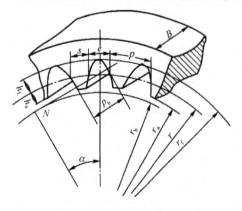

图 10.10 内齿轮

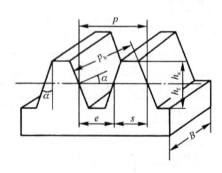

图 10.11 齿条

10.5　渐开线直齿圆柱齿轮的啮合传动

10.5.1　正确啮合的条件

正确啮合条件也称为齿轮传动的配对条件。虽然渐开线齿廓能满足定传动比传动要求，这不等于说任意两个渐开线齿轮都能搭配起来正确地啮合传动。要正确啮合，还必须满足一定的条件。现就图 10.12 加以说明。

如前所述，一对渐开线齿轮在传动时，它们的齿廓啮合点都应位于啮合线 N_1N_2 上，因此要使齿轮能正确啮合传动，应使处于啮合线上的各对轮齿都能同时进入啮合，为此两齿轮的法向齿距应相等，即

$$p_{b1} = \pi m_1 \cos\alpha_1 = p_{b2} = \pi m_2 \cos\alpha_2 \qquad (10.12)$$

即

$$m_1 \cos\alpha_1 = m_2 \cos\alpha_2$$

式中，m_1、m_2 及 α_1、α_2 分别为两轮的模数和压力角。由于模数和压力角均已标准化，为满足式(10.12)，应使

$$m_1 = m_2 = m, \quad \alpha_1 = \alpha_2 = \alpha \qquad (10.13)$$

故一对渐开线齿轮正确啮合的条件是两轮的模数和压力角应分别相等。

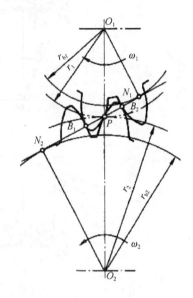

图 10.12　一对齿轮的正确啮合条件

10.5.2　齿轮传动的标准中心距

齿轮传动中心距的变化虽然不影响传动比，但会改变顶隙和齿侧间隙等。首先确定齿轮安装的标准中心距，其定义如下。

齿轮以标准中心距安装时，须保证两轮的顶隙为标准值。在一对齿轮传动时，为了避免一轮的齿顶与另一轮的齿槽底部及齿根过渡曲线部分相抵触，并有一定空隙以便储存润滑油，在一轮的齿顶圆与另一轮的齿根圆间留有顶隙，为使顶隙为标准值：$c = c^*$，对于图 10.13(a)所示的标准齿轮外啮合传动，两轮的中心距应为

$$a = r_{a1} + c + r_{f2} = (r_1 + h_a^* m) + c^* m + (r_2 - h_a^* m - c^* m) \qquad (10.14)$$
$$= r_1 + r_2 = m(z_1 + z_2)/2$$

即两轮的中心距等于两轮分度圆半径之和，此中心距称为标准中心距。

此外，还须保证两轮的理论齿侧间隙为零。虽然在实际齿轮传动中，在两轮的非工作齿侧间总要留有一定的齿侧间隙，但齿侧间隙一般都很小，由制造公差来保证。故在计算齿轮的名义尺寸和中心距时，都是按齿侧间隙为零来考虑的。欲使一对齿轮在传动时其齿侧间隙为零，需使一个齿轮在节圆上的齿厚等于另一个齿轮在节圆上的齿槽宽。

由于一对齿轮啮合时两轮的节圆总是相切的，而当两轮按标准中心距安装时，两轮的分度圆也是相切的，即 $r_1' + r_2' = r_1 + r_2$。又因 $i_{12} = r_2'/r_1'$，故此时两轮的节圆分别与其分度圆相重合。分度圆上的齿厚与齿槽宽相等，因此有 $s_1' = e_1' = s_2' = e_2' = \pi m/2$，故标准齿轮在按标准中心距安装时无齿侧间隙。

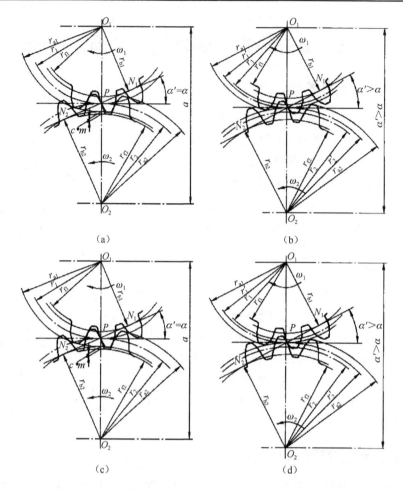

图 10.13　齿轮传动的中心距

10.5.3　渐开线齿轮的压力角

两齿轮在啮合传动时，其节点 P 的圆周速度方向与啮合线 N_1N_2 之间所夹的锐角称为啮合角，通常用 α' 表示。由此定义可知，啮合角等于节圆压力角。当两轮按标准中心距安装时，啮合角也等于分度圆压力角(图 10.13(a))。

当两轮的实际中心距 a' 与标准中心距 a 不相同时，如果将中心距增大(图 10.13(b))，这时两轮的分度圆不再相切，而是相互分离。两轮的节圆半径将大于各自的分度圆半径，其啮合角 α' 也将大于分度圆的压力角 α。因 $r_b = r\cos\alpha = r'\cos\alpha'$，故有 $r_{b1} + r_{b2} = (r_1 + r_2)\cos\alpha = (r_1' + r_2')\cos\alpha'$，可得齿轮的中心距与啮合角的关系式为

$$a'\cos\alpha' = a\cos\alpha \tag{10.15}$$

对于图 10.14 所示的齿轮与齿条啮合传动，当两轮的节圆与分度圆不再重合时，两轮的分度圆将产生分离，此时，实际中心距 a' 小于标准中心距 a，啮合角 α' 也将小于分度圆压力角 α。齿条做平移运动，其速度为 $v_2 = r_1\omega_1$，由于齿条的直线齿廓在不同位置都是彼此互相平行的，同时啮合线 N_1N_2 既要与齿轮的基圆相切，又要垂直于齿条的直线齿廓，因此无论是否标准安装，啮合线 N_1N_2 总是一条固定的直线，节点 P 也始终是一个恒定的点。由此可得齿轮齿条的啮合特点如下。

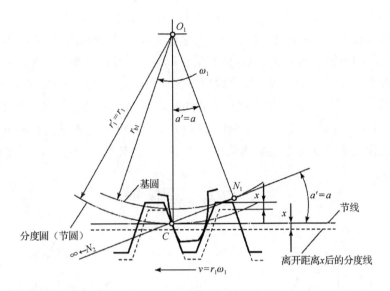

图 10.14　齿轮与齿条啮合传动

(1)无论是标准安装还是非标准安装，齿轮的节圆恒与其分度圆重合，啮合角恒等于齿轮的分度圆压力角，亦等于齿条的齿形角。

(2)标准安装时齿条的分度线与节线重合；非标准安装时齿条的分度线与节线分离。

图 10.15 为齿轮内啮合传动，其标准中心距为

$$a = r_2 - r_1 = m(z_2 - z_1)/2 \tag{10.16}$$

当两轮分度圆分离时，即实际中心距小于标准中心距时，啮合角将小于分度圆压力角。

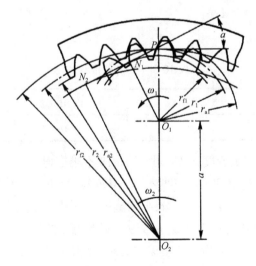

图 10.15　齿轮内啮合传动

10.5.4　齿轮的连续传动条件与重合度

齿轮传动是通过轮齿交替啮合来实现的，为了保证传动的连续性，要求在前一对齿脱开啮合之前，后一对齿已进入啮合，此条件称为连续传动条件。

在图 10.16 中，设齿轮 1 为主动轮，沿顺时针方向转动；齿轮 2 为从动轮。直线 N_1N_2 为啮合线。一对轮齿在 B_2 点（从动轮 2 的齿顶圆与啮合线 N_1N_2 的交点）开始进入啮合。在 B_1 点（主动轮 1 的齿顶圆与啮合线 N_1N_2 的交点）脱开啮合。故一对轮齿的啮合点实际所走过的轨迹只是啮合线 N_1N_2 上的 $\overline{B_1B_2}$，称为实际啮合线段，因基圆以内没有渐开线，故啮合线 $\overline{N_1N_2}$ 是理论上可能达到的最长啮合线段，称为理论啮合线段，而 N_1、N_2 点称为啮合极限点。

为满足齿轮连续传动的要求，实际啮合线段 $\overline{B_1B_2}$ 应大于齿轮的法向齿距 p_b（图 10.17）。$\overline{B_1B_2}$ 与 p_b 的比值 ε_α 称为齿轮传动的重合度。为了确保齿轮传动的连续，应使 ε_α 大于或等于许用值 $[\varepsilon_\alpha]$，即

$$\varepsilon_\alpha = \overline{B_1B_2} / p_b \geqslant [\varepsilon_\alpha] \tag{10.17}$$

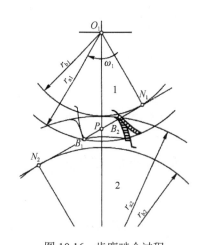

图 10.16　齿廓啮合过程

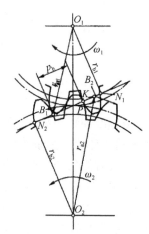

图 10.17　重合度

$[\varepsilon_\alpha]$ 的推荐值见表 10.3。

表 10.3　$[\varepsilon_\alpha]$ 的推荐值

使用场合	一般机械制造业	汽车拖拉机	金属切削机床
$[\varepsilon_\alpha]$	1.4	1.1~1.2	1.3

图 10.18 为齿轮传动的重合度计算，由图 10.18 不难推得

$$\varepsilon_\alpha = [z_1(\tan\alpha_{a1} - \tan\alpha') + z_2(\tan\alpha_{a2} - \tan\alpha')] / (2\pi) \tag{10.18}$$

式中，α' 为啮合角；z_1、z_2 及 α_{a1}、α_{a2} 分别为齿轮 1、2 的齿数及齿顶圆压力角。

由式（10.18）可见，重合度 ε_α 与模数 m 无关，随齿数 z 的增多而加大，对于按标准中心距安装的标准齿轮传动，当两轮的齿数趋于无穷大时，极限重合度 $\varepsilon_{\alpha\max} = 1.981$。重合度 ε_α 还随啮合角 α' 的减小和齿顶高系数 h_a^* 的增大而增大。

重合度表示同时参与啮合的轮齿对数的平均值。重合度大，意味着同时参与啮合的轮齿对数多，每对轮齿所受载荷就小，齿轮传动的承载能力强，传动也平稳。

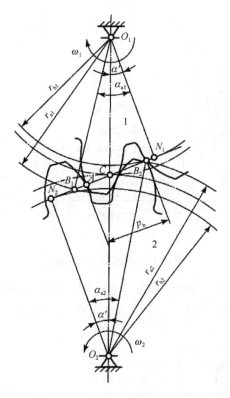

图 10.18　齿轮传动的重合度计算

10.6　渐开线齿廓的切制原理与根切现象

10.6.1　齿廓切制的基本原理

近代齿轮加工的方法很多,如铸造、模锻、冲压、冷轧、热轧、粉末冶金和切削加工等,其中最常用的为切削加工法。就其原理来说,切削加工法又可分为仿形法和范成法两种。

1. 仿形法

仿形法是在铣床上采用刀刃形状与被切齿轮的齿槽两侧齿廓形状相同的铣刀逐个齿槽进行切制的。这种方法生产效率低,被切齿轮精度差,适合于单件精度要求不高或大模数的齿轮加工。

2. 范成法

范成法亦称展成法,是目前齿轮加工中常用的一种方法,如插齿、滚齿、磨齿等都属于这种方法。范成法是利用齿廓啮合基本定律来切制齿廓的。假想将一对相啮合的齿轮(或齿轮与齿条)之一作为刀具,而另一个作为轮坯,并使两者仍按原传动比传动,同时刀具做切削运动,则在轮坯上便可加工出与刀具齿廓共轭的齿轮齿廓。

图 10.19(a)为用齿轮插刀加工齿轮的情形。齿轮插刀可视为一个具有刀刃的外齿轮,其模数和压力角均与被切齿轮相同。加工时,齿轮插刀沿轮坯轴线方向做切削运动,同时,齿轮插刀与轮坯按恒定的传动比 $i = \omega_{刀} / \omega_{坯} = z_{刀} / z_{坯}$ 做范成运动。在切削之初,齿轮插刀还需向轮坯中心做径向进给运动,以便切出轮齿的高度。此外,为防止齿轮插刀向上退刀时擦伤

已切好的齿面，轮坯还需做小距离的让刀运动。这样，刀具的渐开线齿廓就在轮坯上切出与其共轭的渐开线齿廓(图10.19(b))。

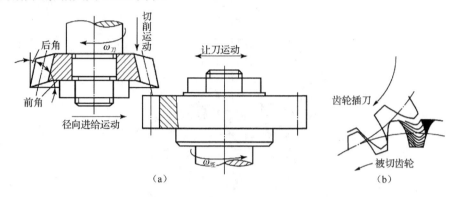

图10.19　齿轮插刀加工齿轮

图 10.20 为用齿条插刀加工齿轮的情形。加工时，轮坯以角速度 ω 转动，齿条插刀以速度 $v = r\omega$ 移动(即范成运动)，其中 r 为被加工齿轮的分度圆半径。其切齿原理与用齿轮插刀切齿原理相似。

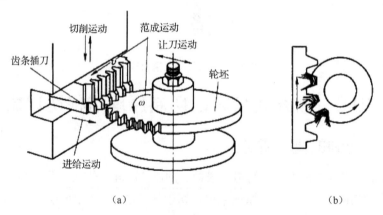

图10.20　齿条插刀加工齿轮

不论用齿轮插刀还是齿条插刀加工齿轮，其切削都是不连续的，这就影响了生产率的提高。因此，在生产中更广泛地采用齿轮滚刀来加工齿轮(图10.21)。

齿轮滚刀的形状为一开有刀口的螺旋(图 10.21(b))。在用齿轮滚刀来加工直齿轮时，齿轮滚刀的轴线与轮坯端面之间的夹角应等于齿轮滚刀的导程角 γ (图10.21(c))，这样，在切削啮合处齿轮滚刀螺纹的切线方向恰与轮坯的齿向相同。而齿轮滚刀在轮坯端面上的投影相当于一个齿条(图 10.21(d))。齿轮滚刀转动时，一方面产生切削运动，另一方面相当于齿条在移动，从面与轮坯转动一起构成范成运动。故齿轮滚刀切制齿轮的原理与齿条插刀相似，只不过用齿轮滚刀的螺旋运动代替了齿条插刀的切削运动和范成运动。此外，为了切制具有一定轴向宽度的齿轮，齿轮滚刀还需沿轮坯轴线方向做缓慢的进给运动。

用范成法加工齿轮时，只要刀具的模数、压力角与被切齿轮的模数、压力角分别相等，则无论被加工的齿数有多少，都可以用同一把刀具来加工。

综上所述，齿轮滚刀加工齿轮时能连续切削，故生产效率高，适用于大批量生产齿轮。

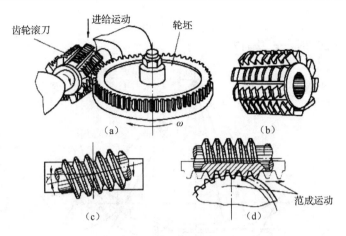

图 10.21　齿轮滚刀加工齿轮

10.6.2　渐开线齿廓的根切现象和标准齿轮不发生根切的最少齿数

用范成法加工标准齿轮时，所用标准齿条刀具的分度线必须与被切齿轮的分度圆相切并做纯滚动(图 10.22)。由于标准齿条刀具分度线上的齿厚与齿槽宽相等，故被加工齿轮的分度圆内槽宽与齿厚也相等。

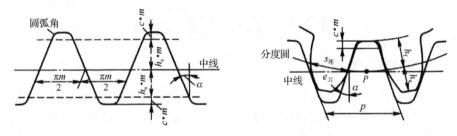

图 10.22　齿条刀具的位置

用范成法切制齿轮时，有时刀具的顶部会过多地切入轮齿根部，因而将齿根的渐开线齿廓切去一部分，这种现象称为轮齿的根切(图 10.23)。产生严重根切的齿轮，轮齿的抗弯强度降低，对传动不利，因此应避免严重根切的发生。

要避免根切，首先必须了解产生根切的原因。图 10.24 为用标准齿条刀具切制标准齿轮的情况，刀具的分度线与被切齿轮的分度圆相切，B_1B_2 为啮合线。刀具的刀刃将从啮合线上 B_1 点(位置 I)处开始形成被切齿轮的渐开线齿廓，切至啮合线与刀具齿顶线的交点 B_2 处，被切齿轮齿廓的渐开线部分已全部形成。若 B_2 点位于啮合极限点 N_1 之下，则被切齿轮的齿廓以 B_2 点开始至齿顶为渐开线，而在 B_2 点到齿根圆之间为一段由刀具齿顶圆角部分所形成的非渐开线过渡曲线。若

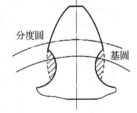

图 10.23　根切现象

被切齿轮的齿数较少，使其啮合极限点 N_1 落在刀具齿顶线之下，如图 10.24 所示，刀具从位置 II 继续切削到位置 III 时，距离 $\overline{N_1K}$ 等于弧线距离 $\overset{\frown}{N_1N_1'}$，因而使 N_1' 点附近的一部分齿根渐开线齿廓被切去，造成轮齿的根切现象。

为了避免产生根切现象，则啮合极限点 N_1 必须位于刀具齿顶线之上，即应使 $\overline{PN_1}\sin\alpha \geqslant h_a^* m$，由此可求得被切齿轮不产生根切的最少齿数为

$$z_{\min} = 2h_a^* / \sin^2 \alpha \tag{10.19}$$

当 $h_a^*=1$、$\alpha = 20°$ 时，$z_{\min}=17$。

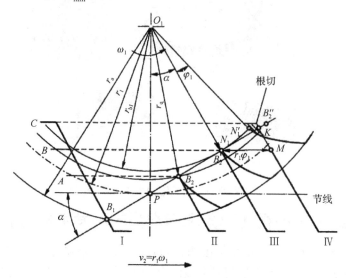

图 10.24　轮齿根切的原因

10.7　渐开线变位齿轮

10.7.1　变位齿轮的概念

标准齿轮传动虽具有设计简单、互换性好等一系列优点，但也有如下不足之处。

(1)在一对相互啮合的标准齿轮中，由于小齿轮齿廓渐开线的曲率半径较小，轮齿表面较低，影响了整个齿轮机构的承载能力。

(2)标准齿轮不适用于中心距 $a' \neq a = (d_2 + d_1)/2 = m(z_2 + z_1)/2$ 的场合。因为当 $a' < a$ 时，无法安装；而当 $a' > a$ 时，虽然可以安装，但将产生过大的齿侧间隙，并且其重合度也将随之降低，影响传动的平稳性。

(3)如 10.6 节所述，当采用范成法切制渐开线齿轮时，如果被加工的标准齿轮的齿数过少，则其齿廓会发生根切现象。

为了改善标准齿轮的上述不足之处，就必须突破标准齿轮的限制，对齿轮进行必要的修正。现在广泛采用的是变位修正法。

如果需要制造齿数少于 17，而又不产生根切现象的齿轮，由式(10.19)可见，可采用减小齿顶高系数 h_a^* 及加大压力角 α 的方法。但减小 h_a^* 将使重合度减小，而增大 α 要采用非标准刀具，除这两种方法外，解决上述问题的最好方法是在加工齿轮时，将齿条刀具由标准位置相对于轮坯中心向外移出一段

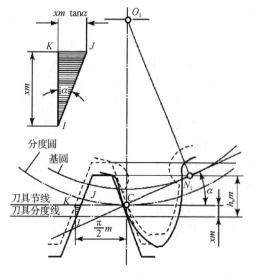

图 10.25　变位修正法

距离 xm（由图 10.25 中的虚线位置移至实线位置），从而使刀具的齿顶线不超过 N_1 点，这样就不会再发生根切现象了。这种用改变刀具与轮坯的相对位置来切制齿轮的方法即变位修正法。这时，刀具的分度线与齿轮轮坯的分度圆不再相切，这样加工出来的齿轮由于 $s \neq e$ 已不再是标准齿轮，故称为变位齿轮。齿条刀具移动的距离 xm 称为径向变位量，其中 m 为模数，x 为径向变位系数（简称变位系数）。当把刀具由齿轮轮坯中心移远时，称为正变位，x 为正值，这样加工出来的齿轮称为正变位齿轮；如果被切齿轮的齿数比较多，为了满足齿轮传动的某些要求，有时刀具也可以由标准位置移近被切齿轮的中心，此时称为负变位，x 为负值，这样加工出来的齿轮称为负变位齿轮。

10.7.2 避免发生根切的最小变位系数

用标准齿条刀具加工齿轮时，为了避免被加工齿轮发生根切现象，应保证齿条刀具的齿顶线不超过极限啮合点 N_1。由图 10.25 可得

$$xm \geqslant h_a^* m - r\sin^2\alpha = \left(h_a^* - \frac{z}{2}\sin^2\alpha\right)m$$

结合式（10.19）可得避免被加工齿轮发生根切现象的最小变位系数为

$$x_{min} = h_a^*(z_{min} - z)/z_{min} \tag{10.20}$$

10.7.3 变位齿轮的几何尺寸

如图 10.25 所示，对于正变位齿轮，由于与被切齿轮分度圆相切的已不再是刀具的中线，而是刀具节线。刀具节线上的齿槽宽较分度线上的齿槽宽增大了 $2\overline{KJ}$，由于轮坯分度圆与刀具节线做纯滚动，故知其齿厚也增大了 $2\overline{KJ}$，而由 $\triangle IJK$ 可知，$\overline{KJ} = xm\tan\alpha$。因此，正变位齿轮的齿厚为

$$s = \pi m/2 + 2\overline{KJ} = (\pi/2 + 2x\tan\alpha)m \tag{10.21}$$

又由于齿条刀具的齿距恒等于 πm，故正变位齿轮的齿槽宽为

$$e = (\pi/2 - 2x\tan\alpha)m \tag{10.22}$$

又由图可见，当刀具采取正变位 xm 后，切出的正变位齿轮的齿根高较标准齿轮减小了 xm，即

$$h_f = h_a^* m + c^* m - xm = (h_a^* + c^* - x)m \tag{10.23}$$

而其齿顶高，若暂不计它对顶隙的影响，为了保持齿全高不变，应较标准齿轮增大 xm，这时其齿顶高为

$$h_a = h_a^* m + xm = (h_a^* + x)m \tag{10.24}$$

其齿顶圆半径为

$$r_a = r + (h_a^* + x)m \tag{10.25}$$

对于负变位齿轮，上述公式同样适用，只需注意到其变位系数 x 为负即可。

将相同模数、压力角及齿数的变位齿轮与标准齿轮的尺寸相比较，由图 10.26 不难看出它们之间的明显差别。

变位齿轮在加工时所用的刀具与加工标准齿轮时是一样的，只是加工节线改变了，所以变位齿轮和相应的标准齿轮相比较，其模数、压力角、分度圆、齿距和基圆的尺寸都不发生改变。由于基圆不变，所以展成的渐开线形状不发生变化，只是变位齿轮和标准齿轮齿廓在渐开线上截取的部位不同。

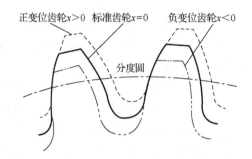

图 10.26　变位齿轮与标准齿轮的比较

10.7.4　变位齿轮传动

变位齿轮传动中心距的确定也应满足无侧隙啮合和顶隙为标准值这两方面的要求。要满足无侧隙啮合，须要求其一轮在节圆上的齿厚应等于另一轮在节圆上的齿槽宽，即 $s_1' = e_2'$、$s_2' = e_1'$，由此得节圆上的齿距为

$$p' = s_1' + e_1' = s_1' + s_2' \tag{10.26}$$

又因

$$\frac{p'}{p} = \frac{r'}{r} = \frac{\cos\alpha}{\cos\alpha'}, \quad p = \pi m \tag{10.27a}$$

而

$$s_i' = s_i \frac{r_i'}{r_i} - 2r_i'(\mathrm{inv}\,\alpha' - \mathrm{inv}\,\alpha), \quad i = 1,2 \tag{10.27b}$$

式中，s_i 由式 (10.21) 求得，而 $r_i = mz_i / 2$。

于是，由以上各式可求得两齿轮无侧隙啮合时其各参数的关系式为

$$\mathrm{inv}\,\alpha' = 2\tan\alpha(x_1 + x_2)/(z_1 + z_2) + \mathrm{inv}\,\alpha \tag{10.28}$$

式 (10.28) 称为无侧隙啮合方程。式中，z_1、z_2 分别为两轮的齿数；α 为分度圆压力角；α' 为啮合角；$\mathrm{inv}\,\alpha$、$\mathrm{inv}\,\alpha'$ 分别为 α、α' 的渐开线函数，其值可由已有的渐开线函数表查取；而 x_1、x_2 分别为两轮的变位系数。

式 (10.28) 表明，若两轮变位系数之和 (x_1+x_2) 不等于零，则其啮合角 α' 将不等于分度圆压力角。此时，两轮的实际中心距将不等于其标准中心距。

设两轮作无侧隙啮合时的中心距为 a'，它与标准中心距之差为 ym，其中 m 为模数，y 为中心距变动系数，则

$$a' = a + ym \tag{10.29}$$

故

$$y = (z_1 + z_2)(\cos\alpha / \cos\alpha' - 1)/2 \tag{10.30}$$

要保证两轮之间具有标准顶隙 $c = c^* m$，两轮的中心距 a'' 应等于

$$\begin{aligned} a'' = r_{a1} + c + r_{f2} &= r_1 + (h_a^* + x_1)m + c^* m + r_2 - (h_a^* + c^* - x_2)m \\ &= a + (x_1 + x_2)m \end{aligned} \tag{10.31}$$

由式 (10.29) 与式 (10.31) 可知，如果 $y = x_1+x_2$，就可同时满足上述两个条件。但经证明，只要 $x_1+x_2 \neq 0$，即 $a'' > a'$。工程上为了解决这一矛盾，采用如下办法：两轮按无侧隙中心距 $a' = a + ym$ 安装，而将两轮的齿顶高各减小 Δym，以满足要求。Δy 称为齿顶高降低系数，其

值为

$$\Delta y = (x_1 + x_2) - y \tag{10.32}$$

这时，齿轮的齿顶高为

$$h_a = h_a^* m + xm - \Delta ym = (h_a^* + x - \Delta y)m \tag{10.33}$$

10.7.5　变位齿轮传动的类型及其特点

按照相互啮合的两齿轮的不同变位系数和(x_1+x_2)，可将变位齿轮传动分为 3 种基本类型。

(1)$x_1+x_2 = 0$，且 $x_1 = x_2 = 0$。此为标准齿轮传动。

(2)$x_1+x_2 = 0$，且 $x_1 = -x_2 \neq 0$。此类齿轮传动称为等变位齿轮传动(又称高度变位齿轮传动)。根据式(10.15)、式(10.28)、式(10.30)和式(10.32)，由于 $x_1+x_2 = 0$，故

$$\alpha' = \alpha, \; a' = a, \; y = 0, \; \Delta y = 0$$

即其啮合角等于分度圆压力角，中心距等于标准中心距，节圆与分度圆重合，齿顶高不需要降低。

对于等变位齿轮传动，为有利于强度的提高，小齿轮应采用正变位，大齿轮应采用负变位，使大、小齿轮的强度趋于接近，从而使齿轮的承载能力提高。

(3)$x_1+x_2 \neq 0$，此类齿轮传动称为不等变位齿轮传动(又称为角度变位齿轮传动)。当 $x_1+x_2>0$ 时称为正传动；当 $x_1+x_2 < 0$ 时称为负传动。

① 正传动。

由于此时 $x_1+x_2 > 0$，根据式(10.15)、式(10.28)、式(10.30)、式(10.32)可知，

$$\alpha' > \alpha, \; a' > a, \; y > 0, \; \Delta y > 0$$

即在正传动中，其啮合角大于分度圆压力角，中心距大于标准中心距，两轮的分度圆分离，齿顶高需缩减。正传动的优点是可以减小齿轮机构的尺寸，能使齿轮机构的承载能力有较大提高。正传动的缺点是重合度减小较多。

② 负传动。

由于 $x_1+x_2 < 0$，故其

$$\alpha' < \alpha, \; a' < a, \; y < 0, \; \Delta y > 0$$

负传动的优缺点正好与正传动的优缺点相反，即其重合度略有增加，但轮齿的强度有所下降，所以负传动只用于配凑中心距这种特殊需要的场合中。

综上所述，采用变位修正法来制造渐开线齿轮，不仅可以避免根切，还可以运用这种方法来提高齿轮机构的承载能力、配凑中心距和减小机构的几何尺寸等，并且仍可采用标准刀具加工，并不增加制造的困难。正因为如此，其在各重要传动中被广泛地采用。

10.7.6　变位齿轮传动的设计步骤

从机械原理角度来看，变位齿轮传动设计问题可以分为如下两类。

1. 已知中心距的设计

这时的已知条件是 z_1、z_2、m、α、a'，其设计步骤如下。

(1)由式(10.15)确定啮合角为

$$\alpha' = \arccos\left[(a\cos\alpha) / a'\right]$$

(2) 由式(10.28)确定变位系数和为

$$x_1 + x_2 = (\text{inv}\,\alpha' - \text{inv}\,\alpha)(z_1 + z_2)/(2\tan\alpha)$$

(3) 由式(10.29)确定中心距变动系数为

$$y = (a' - a)/m$$

(4) 由式(10.32)确定齿顶高降低系数为

$$\Delta y = (x_1 + x_2) - y$$

(5) 分配变位系数 x_1、x_2，并按表 10.4 计算齿轮的几何尺寸。

2. 已知变位系数的设计

这时的已知条件是 z_1、z_2、m、α、x_1、x_2，其设计步骤如下。

(1) 由式(10.28)确定啮合角为

$$\text{inv}\,\alpha' = 2\tan(x_1 + x_2)/(z_1 + z_2) + \text{inv}\,\alpha$$

(2) 由式(10.15)确定中心距为

$$a' = a\cos\alpha/\cos\alpha'$$

(3) 由式(10.29)及式(10.32)确定中心距变动系数 y 及齿顶高降低系数 Δy。

(4) 按表 10.4 计算变位齿轮的几何尺寸。

表 10.4　外啮合直齿圆柱齿轮传动的计算公式

名称	符号	标准齿轮传动	等变位齿轮传动	不等变位齿轮传动
变位系数	x	$x_1 = x_2 = 0$	$x_1 = -x_2 \neq 0$ $x_1 + x_2 = 0$	$x_1 + x_2 \neq 0$
节圆直径	d'	$d_i' = d_i = z_i m \quad (i = 1, 2)$		$d_i' = d_i \cos\alpha/\cos\alpha'$
啮合角	α'	$\alpha' = \alpha$		$\cos\alpha' = (a\cos\alpha)/a'$
齿顶高	h_a	$h_a = h_a^* m$	$h_{ai} = (h_a^* + x_i)m$	$h_{ai} = (h_a^* + x_i - \Delta y)m$
齿根高	h_f	$h_f = (h_a^* + c^*)m$	$h_{fi} = (h_a^* + c^* - x_i)m$	
齿顶圆直径	d_a	$d_{ai} = d_i + 2h_{ai}$		
齿根圆直径	d_f	$d_{fi} = d_i - 2h_{fi}$		
中心距	a	$a = (d_1 + d_2)/2$		$a' = (d_1' + d_2')/2$
中心距变动系数	y	$y = 0$		$y = (a' - a)/m$
齿顶高降低系数	Δy	$\Delta y = 0$		$\Delta y = x_1 + x_2 - y$

10.8　斜齿圆柱齿轮传动

前面在研究直齿圆柱齿轮时，只对轮齿的端面进行了研究，这是因为直齿轮的轮齿方向与齿轮轴线相平行，在所有与轴线垂直的平面内的情形完全相同，所以只需考虑其端面就能代表整个齿轮。但齿轮都是有一定宽度的，如图 10.27(a) 所示，因此，在端面上的点和线实际上代表着齿轮上的线和面：基圆代表基圆柱，发生线 NK 代表切于基圆柱面的发生面 S。当发生面与基圆柱做滚动时，发生面上的一条与基圆柱母线 NN 相平行的直线 KK 展成的渐开线曲面就是直齿圆柱齿轮的齿廓曲面，称为渐开面。

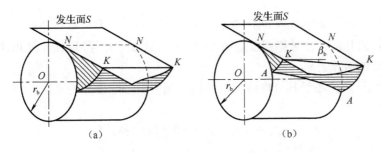

图 10.27　齿轮齿面的形成原理

斜齿圆柱齿轮齿面的形成原理与直齿圆柱齿轮相似。所不同的是，发生面上展成渐开面的直线 KK 不再与基圆柱母线 NN 平行，而是相对于 NN 偏斜一个角度 β_b，如图 10.27(b) 所示。当发生面 S 绕基圆柱做滚动时，斜直线 KK 上的每一点在空间所描出的轨迹，都是一条位于齿轮轴线垂直的平面内的渐开线，这些渐开线的初始点均在基圆柱面的螺旋线 AA 上。这些渐开线的集合就形成了以螺旋线 AA 为初始线的曲面，称为渐开螺旋面。该渐开螺旋面在齿顶圆柱内的部分就是斜齿圆柱齿轮的齿廓曲面。图 10.28 为斜齿圆柱齿轮的一部分。斜齿轮的齿廓曲面与其分度圆柱面相交的螺旋线的切线和齿轮轴线之间所夹的锐角称为斜齿轮分度圆柱的螺旋角(简称为斜齿轮的螺旋角，用 β 表示)，轮齿螺旋的旋向有左、右之分，如图 10.29 所示。

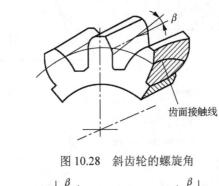

图 10.28　斜齿轮的螺旋角

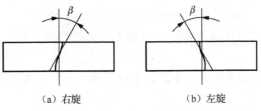

(a) 右旋　　　　　　　　　(b) 左旋

图 10.29　螺旋角的方向

由于斜齿轮存在螺旋角 β，故当一对斜齿轮啮合传动时，其轮齿先由一端进入啮合逐渐过渡到轮齿的另一端而最终退出啮合，其齿面上的接触线先由短变长，再由长变短，如图 10.28 所示。正因如此，斜齿轮的轮齿在交替啮合时所受的载荷是逐渐加上再逐渐卸掉的，传动比较平稳，冲击、振动和噪声较小，适合高速、重载传动。

10.8.1　斜齿轮的基本参数与几何尺寸计算

斜齿轮垂直于其轴线的端面齿形和垂直于螺旋线方向的法面齿形是不相同的，因而斜齿轮的端面参数与法面参数也不相同。又由于在切制斜齿轮的轮齿时，刀具进刀的方向一般是垂直于其法面的，故其法面参数(m_n、α_n、h_a^*、c_n^* 等)与刀具的参数相同，所以取为标准值。但在计算斜齿轮的几何尺寸时却需按端面参数(m_t、α_t、x_t、s_t 等)进行，因此就必须建立法面参数与端面参数的换算关系。

图 10.30 为一斜齿条沿其分度线的剖开图。图中阴影线部分为轮齿，空白部分为齿槽。由图可见，

$$p_n = \pi m_n = p_t \cos \beta = \pi m_t \cos \beta$$

故得

$$m_n = m_t \cos \beta \tag{10.34}$$

图 10.31 为斜齿条的一个轮齿，$\triangle a'b'c$ 在法面上，$\triangle abc$ 在端面上。由图可知，由于 $\overline{ab} = \overline{a'b'}$，$\overline{a'c} = \overline{ac}\cos \beta$，$\overline{ab} = \overline{a'b'}$，$\overline{a'c} = \overline{ac}\cos \beta$，故得

$$\tan \alpha_n = \tan \alpha_t \cos \beta \tag{10.35}$$

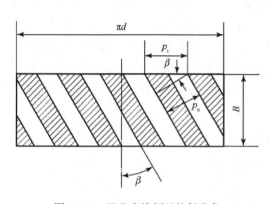

图 10.30 沿分度线剖开的斜齿条

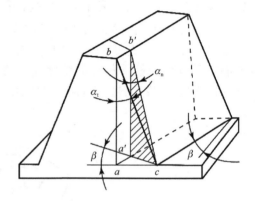

图 10.31 斜齿条

斜齿轮在其端面上的分度圆直径为

$$d = zm_t = zm_n / \cos \beta \tag{10.36}$$

斜齿轮传动的标准中心距为

$$a = (d_1 + d_2) / 2 = m_n(z_1 + z_2) / (2\cos \beta) \tag{10.37}$$

由式(10.37)可知，可以用改变螺旋角 β 的方法来调整其中心距。故斜齿轮传动的中心距常作圆整，以利加工。

斜齿轮也可借助变位修正的办法来满足各种要求。其端面变位系数 x_t 与法面变位系数 x_n 之间的关系为

$$x_t = x_n \cos \beta \tag{10.38}$$

但一般都按法面变位系数进行计算。

10.8.2　一对斜齿轮的啮合传动

1. 一对斜齿轮正确啮合的条件

为使斜齿轮正确啮合，除了模数及压力角应分别相等($m_{n1} = m_{n2}$，$\alpha_{n1} = \alpha_{n2}$)外，它们的螺旋角还必须满足如下条件：

外啮合，$\beta_1 = -\beta_2$；

内啮合，$\beta_1 = \beta_2$。

2. 斜齿轮传动的重合度

图 10.32(a) 为直齿轮传动的啮合面，L 为其啮合区长，故直齿轮传动的重合度为

$$\varepsilon_\alpha = L / p_{bt}$$

式中，p_{bt} 为端面上的法向齿距。

图 10.32(b) 为斜齿轮的啮合情况，由于其轮齿是倾斜的，故其啮合区长为 $L+\Delta L$，其总的重合度 ε_γ 为

$$\varepsilon_\gamma = (L + \Delta L) / p_{bt} = \varepsilon_\alpha + \varepsilon_\beta \qquad (10.39)$$

式中，$\varepsilon_\alpha = L / p_{bt}$ 为端面重合度。类似于直齿轮传动，可得其计算公式为

$$\varepsilon_\alpha = \left[z_1(\tan \alpha_{at1} - \tan \alpha_t') + z_2(\tan \alpha_{at2} - \tan \alpha_t') \right] / (2\pi) \qquad (10.40)$$

$\varepsilon_\beta = \Delta L / p_{bt}$ 为轴面重合度(纵向重合度)，其计算公式为

$$\varepsilon_\beta = B \sin \beta / (\pi m_n) \qquad (10.41)$$

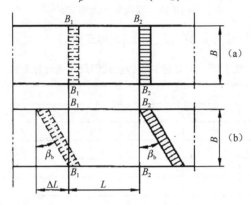

图 10.32　直齿轮和斜齿轮的重合度

3. 斜齿轮的当量齿轮与当量齿数

为了切制斜齿轮和计算齿轮强度，下面介绍斜齿轮法面齿形的近似计算。如图 10.33 所示，设经过斜齿轮分度圆柱面上的一点 C，作轮齿的法面，将斜齿轮的分度圆柱剖开，其剖面为椭圆。现以椭圆上 C 点的曲率半径 ρ 为半径作圆，作为假想直齿轮的分度圆，以该斜齿轮的法面模数为模数、法面压力角为压力角，作直齿轮，其齿形就是斜齿轮的法面近似齿形，称此直齿轮为斜齿轮的当量齿轮，而其齿数即当量齿数(以 z_v 表示)。

由图 10.33 可知，椭圆的长半轴 $a = d/(2\cos\beta)$，短半轴 $b = d/2$，而

$$\rho = a^2 / b = d / (2\cos^2 \beta)$$

故得

$$z_v = 2\rho / m_n = d / (m_n \cos^2 \beta) = z m_t / (m_n \cos^2 \beta)$$
$$= z / \cos^3 \beta \qquad (10.42)$$

渐开线标准斜齿圆柱齿轮不发生根切的最少齿数可由式(10.42)求得

$$z_{min} = z_{vmin} \cos^3 \beta \qquad (10.43)$$

式中，z_{vmin} 为当量直齿标准齿轮不发生根切的最少齿数。

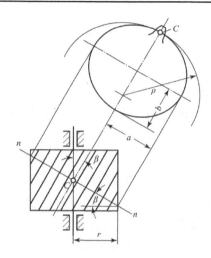

图 10.33　斜齿轮的当量齿轮

斜齿轮各参数及几何尺寸的计算公式列于表 10.5 中。

表 10.5　斜齿轮的参数及几何尺寸的计算公式

名称	符号	计算公式
螺旋角	β	一般取 $8°\sim12°$
基圆柱螺旋角	β_b	$\tan\beta_b = \tan\beta\cos\alpha_t$
法面模数	m_n	按表 10.1，取标准值
端面模数	m_t	$m_t = m_n/\cos\beta$
法面压力角	α_n	$\alpha_n = 20°$
端面压力角	α_t	$\tan\alpha_t = \tan\alpha_n/\cos\beta$
法面齿距	p_n	$p_n = \pi m_n$
端面齿距	p_t	$p_t = \pi m_t = p_n/\cos\beta$
法面基圆齿距	p_{bn}	$p_{bn} = p_n\cos\alpha_n$
法面齿顶高系数	h_{an}^*	$h_{an}^* = 1$
法面顶隙系数	c_n^*	$c_n^* = 0.25$
分度圆直径	d	$d = zm_t = zm_n/\cos\beta$
基圆直径	d_b	$d_b = d\cos\alpha_t$
最少齿数	z_{min}	$z_{min} = z_{vmin}\cos^3\beta$
端面变位系数	x_t	$x_t = x_n\cos\beta$
齿顶高	h_a	$h_a = m_n(h_{an}^* + x_n)$
齿根高	h_f	$h_f = m_n(h_{an}^* + c_n^* - x_n)$
齿顶圆直径	d_a	$d_a = d + 2h_a$
齿根圆直径	d_f	$d_f = d - 2h_f$
法面齿厚	s_n	$s_n = (\pi/2 + 2x_n\tan\alpha_n)m_n$
端面齿厚	s_t	$s_t = (\pi/2 + 2x_t\tan\alpha_t)m_t$
当量齿数	z_v	$z_v = z/\cos^3\beta$

注：① m_t 应计算到小数点后四位，其余长度尺寸应计算到小数点后三位；

②　螺旋角 β 的计算应准确到××°××′××″。

10.8.3 斜齿轮传动的主要优缺点

与直齿轮传动比较,斜齿轮传动主要具有下列优点。

(1)啮合性能好,传动平稳、噪声小。

(2)重合度大,降低了每对轮齿的载荷,提高了齿轮的承载能力。

(3)不产生根切的最少齿数少。

斜齿轮传动的主要缺点是在运转时会产生轴向推力。其轴向推力为

$$F_a = F_t \tan \beta$$

当圆周力 F_t 一定时,轴向推力 F_a 随螺旋角 β 的增大而增大。为控制过大的轴向推力,一般取 $\beta = 8° \sim 20°$。若采用人字齿轮,其所产生的轴向推力可相互抵消,故其螺旋角 β 可取为 $25° \sim 40°$。但人字齿轮制造比较麻烦,这是其缺点,故一般只用于高速重载传动中。

10.9 直齿锥齿轮传动

锥齿轮传动用来传递两相交轴之间的运动和动力(图 10.34),在一般机械中,锥齿轮两轴之间的交角 $\Sigma = 90°$(但也可以 $\Sigma \neq 90°$)。锥齿轮的轮齿分布在一个圆锥面上,故在锥齿轮上有齿顶圆锥、分度圆锥和齿根圆锥等。又因锥齿轮是一个锥体,故有大端和小端之分。为了计算和测量的方便,通常取锥齿轮大端的参数为标准值,即大端的模数按表 10.6 选取,其压力角一般为 20°,齿顶高系数 $h_a^* = 1.0$,顶隙系数 $c^* = 0.2$。

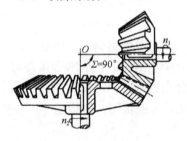

图 10.34 锥齿轮传动

表 10.6 锥齿轮标准模数系列(摘自 GB 12368—1990)

1, 1.125, 1.25, 1.375, 1.5, 1.75, 2, 2.25, 2.5, 2.75, 3, 3.25, 3.5, 3.75, 4, 4.5, 5, 5.5, 6, 6.5, 7, 8, 9, 10

10.9.1 直齿锥齿轮的当量齿轮

图 10.35 为一对特殊的锥齿轮传动。其中齿轮 1 的齿数为 z_1,分度圆半径为 r_1,分度圆锥角为 δ_1;齿轮 2 的齿数为 z_2,分度圆半径为 r_2,分度圆锥角 $\delta_2 = 90°$,其分度圆锥表面为一平面,这种齿轮称为冠轮。

过齿轮 1 大端节点 P,作其分度圆锥母线 OP 的垂线,交其轴线于 O_1 点,再以 O_1 点为锥顶,以 O_1P 为母线,作一圆锥与齿轮 1 的大端相切,称该圆锥为齿轮 1 的背锥。同理,可作齿轮 2 的背锥,由于齿轮 2 为一冠轮,故其背锥成为一圆柱面。若将两轮的背锥展开,则齿轮 1 的背锥将展成为一个扇形齿轮,而齿轮 2 的背锥则展成为一个齿条(图 10.35(b)),即在其背锥展开后,两者相当于齿轮与齿条啮合传动。根据前面所述的范成原理可知,当齿条(即冠轮的背锥)的齿廓为直线时,齿轮 2 在背锥上的齿廓为渐开线。

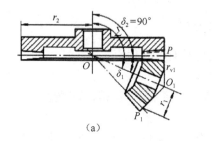 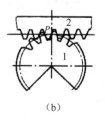

（a） （b）

图 10.35 锥齿轮的当量齿轮

现设想把展成的扇形齿轮的缺口补满，则将获得一个圆柱齿轮。这个假想的圆柱齿轮称为锥齿轮的当量齿轮，其齿数 z_v 称为锥齿轮的当量齿数。当量齿轮的齿形和锥齿轮在背锥上的齿形(即大端齿形)是一致的，故当量齿轮的模数和压力角与锥齿轮大端的模数和压力角是一致的。至于当量齿数，可如下求得。

由图 10.35 可见，齿轮 1 的当量齿轮的分度圆半径为

$$r_{v1} = \overline{O_1 P} = r_1 / \cos \delta_1 = z_1 m / (2 \cos \delta_1)$$

又知

$$r_{v1} = z_{v1} m / 2$$

故得

$$z_{v1} = z_1 / \cos \delta_1$$

对于任一锥齿轮，有

$$z_v = z / \cos \delta \tag{10.44}$$

借助锥齿轮当量齿轮的概念，可以把前面对于圆柱齿轮传动所研究的一些结论直接应用于锥齿轮传动。例如，根据一对圆柱齿轮的正确啮合条件可知，一对锥齿轮的正确啮合条件应为两轮大端的模数和压力角分别相等；一对锥齿轮传动的重合度可以近似地按其当量齿轮传动的重合度来计算；为了避免轮齿的根切，锥齿轮不产生根切的最少齿数 $z_{min} = z_{vmin} \cos \delta$；等等。

10.9.2 直齿锥齿轮传动的几何参数和尺寸计算

前已指出，锥齿轮以大端参数为标准值，故在计算其几何尺寸时，也应以大端为准。如图 10.36 所示，两锥齿轮的分度圆直径分别为

$$d_1 = 2R \sin \delta_1, \quad d_2 = 2R \sin \delta_2 \tag{10.45}$$

式中，R 为分度圆锥锥顶到大端的距离，称为锥距；δ_1、δ_2 分别为两锥齿轮的分度圆锥角(简称分锥角)。

两轮的传动比为

$$i_{12} = \omega_1 / \omega_2 = z_2 / z_1 = d_2 / d_1 = \sin \delta_2 / \sin \delta_1 \tag{10.46}$$

当两锥齿轮之间的轴交角 $\Sigma = 90°$ 时，因 $\delta_1 + \delta_2 = 90°$，式(10.46)变为

$$i_{12} = \omega_1 / \omega_2 = z_2 / z_1 = d_2 / d_1 = \cot \delta_1 = \tan \delta_2 \tag{10.47}$$

在设计锥齿轮传动时，可根据给定的传动比按式(10.47)确定两轮分锥角的值。

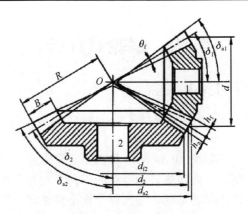

图 10.36　锥齿轮传动的几何尺寸

　　至于锥齿轮齿顶圆锥角和齿根圆锥角，则与两圆锥齿轮啮合传动时对其顶隙的要求有关。根据国家标准(GB/T 12369—1990 和 GB/T 12370—1990)规定，现多采用等顶隙锥齿轮传动，如图 10.36 所示。其两轮的顶隙从齿轮大端到小端是相等的，两轮的分度圆锥及齿根圆锥的锥顶重合于一点。但对于两轮的齿顶圆锥，因其母线各自平行于与之啮合传动的另一锥齿轮的齿根圆锥的母线，故其锥顶就不再与分度圆锥锥顶相重合了。这种圆锥齿轮相当于降低了轮齿小端的齿顶高，从而减小了齿顶过尖的可能性；且齿根圆角半径较大，有利于提高轮齿的承载能力、延长刀具寿命和储油润滑。

　　锥齿轮传动的主要几何参数及尺寸计算公式列于表 10.7。

表 10.7　标准直齿锥齿轮传动的几何参数及尺寸计算公式($\Sigma = 90°$)

名称	符号	计算公式	
		小齿轮	大齿轮
分锥角	δ	$\delta_1 = \arctan(z_1 / z_2)$	$\delta_2 = 90° - \delta_1$
齿顶高	h_a	$h_a = h_a^* m = m$	
齿根高	h_f	$h_f = (h_a^* + c^*)m = 1.2m$	
分度圆直径	d	$d_1 = mz_1$	$d_2 = mz_2$
齿顶圆直径	d_a	$d_{a1} = d_1 + 2h_a \cos\delta_1$	$d_{a2} = d_2 + 2h_a \cos\delta_2$
齿根圆直径	d_f	$d_{f1} = d_1 - 2h_f \cos\delta_1$	$d_{f2} = d_2 - 2h_f \cos\delta_2$
锥距	R	$R = m\sqrt{z_1^2 + z_2^2} / 2$	
齿根角	θ_f	$\tan\theta_f = h_f / R$	
顶锥角	δ_a	$\delta_{a1} = \delta_1 + \theta_f$	$\delta_{a2} = \delta_2 + \theta_f$
根锥角	δ_f	$\delta_{f1} = \delta_1 - \theta_f$	$\delta_{f2} = \delta_2 - \theta_f$
顶隙	c	$c = c^* m$ (一般取 $c^* = 0.2$)	
分度圆齿厚	s	$s = \pi m / 2$	
当量齿数	z_v	$z_{v1} = z_1 / \cos\delta_1$	$z_{v2} = z_2 / \cos\delta_2$
齿宽	B	$B \leqslant R / 3$ (取整)	

　　注：① 当 $m \leqslant 1\text{mm}$ 时，$c^* = 0.25$，$h_f = 1.25m$；

　　　　② 各角度计算应准确到 ××°××′。

10.10　蜗轮蜗杆传动

10.10.1　蜗轮蜗杆传动及其特点

　　蜗轮蜗杆传动是用来传递空间交错轴之间的运动和动力的。最常用的是两轴交错角 $\Sigma = 90°$ 的减速传动。

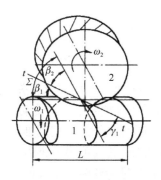

图 10.37　蜗轮蜗杆传动

　　如图 10.37 所示,在分度圆柱上具有完整螺旋齿的构件 1 称为蜗杆。而与蜗杆相啮合的构件 2 则称为蜗轮。通常,以蜗杆为原动件做减速运动。当其反行程不自锁时,也可以蜗轮为原动件做增速运动。蜗杆与螺旋相似,也有右旋与左旋之分,但通常取右旋。

　　蜗轮蜗杆传动的主要特点如下。

　　(1)由于蜗杆的轮齿是连续不断的螺旋齿,故传动特别平稳,啮合冲击及噪声都小。现代一些减速比不需很大的超静传动中常采用蜗轮蜗杆传动。

　　(2)由于蜗杆的齿数(头数)少,故单级传动可获得较大的传动比(可达 1000),且结构紧凑。在做减速动力传动时,传动比为 $5 \leqslant i_{12} \leqslant 70$。增速时,传动比 $i_{21} = 1/5 \sim 1/15$。

　　(3)由于蜗轮蜗杆啮合轮齿间的相对滑动速度较大,摩擦磨损大,传动效率较低,易出现发热现象,故常需用较贵的减摩耐磨材料来制造蜗轮,成本较高。

　　(4)当蜗杆的导程角 γ_1 小于啮合轮齿间的当量摩擦角 φ_v 时,机构反行程具有自锁性。在此情况下,只能由蜗杆带动蜗轮(此时效率小于 50%),而不能由蜗轮带动蜗杆。

　　蜗轮蜗杆传动的类型很多,其中阿基米德蜗轮蜗杆传动是最基本的,下面就这种蜗轮蜗杆传动作简略介绍。

10.10.2　蜗轮蜗杆正确啮合的条件

　　图 10.38 为阿基米德蜗轮蜗杆啮合的情况。过蜗杆的轴线作一平面垂直于蜗轮的轴线,该平面对于蜗杆是轴面,对于蜗轮是端面,这个平面称为蜗轮蜗杆传动的中间平面。在此平面内蜗杆的齿廓相当于齿条,蜗轮的齿廓相当于一个齿轮,即在中间平面上两者相当于齿条与齿轮啮合。因此,蜗轮蜗杆的正确啮合条件为蜗杆的轴面模数 m_{x1} 和压力角 α_{x1} 分别等于蜗轮的端面模数 m_{t2} 和压力角 α_{t2},且均取为标准值 m 和 α,即

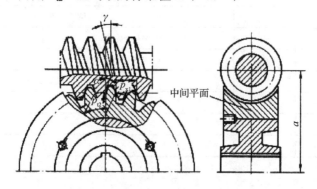

图 10.38　阿基米德蜗轮蜗杆啮合传动

$$m_{x1} = m_{t2} = m, \quad \alpha_{x1} = \alpha_{t2} = \alpha$$

当蜗杆与蜗轮的轴线交错角 $\Sigma = 90°$ 时，还需保证蜗杆的导程角等于蜗轮的螺旋角，即 $\gamma_1 = \beta_2$，且两者螺旋线的旋向相同。

10.10.3　蜗轮蜗杆传动的主要参数及几何尺寸

1. 齿数

蜗杆的齿数亦称为蜗杆的头数，用 z_1 表示。一般可取 $z_1 = 1 \sim 10$，推荐取 $z_1 = 1$、2、4、6。当要求传动比大或反行程具有自锁性时，常取 $z_1 = 1$，即单头蜗杆；当要求具有较高传动效率时，则 z_1 应取大值。蜗轮的齿数 z_2 则可根据传动比计算而得。对于动力传动，一般推荐 $z_2 = 29 \sim 70$。

2. 模数

蜗杆模数系列与齿轮模数系列有所不同。蜗杆模数系列见表 10.8。

表 10.8　蜗杆模数 m 值　　　　　　　　　　（单位：mm）

第一系列	1，1.25，1.6，2，2.5，3.15，4，5，6.3，8，10，12.5，16，20，25，31.5，40
第二系列	1.5，3，3.5，4.5，5.5，6，7，12，14

注：摘自 GB/T 10088—2018，优先采用第一系列。

3. 压力角

国家标准 GB/T 10087—2018 规定，阿基米德蜗杆的压力角 $\alpha = 20°$。在动力传动中，允许增大压力角，推荐用 $25°$；在分度传动中，允许减小压力角，推荐用 $15°$ 或 $12°$。

4. 蜗杆的分度圆直径

因为在用蜗轮滚刀切制蜗轮时，滚刀的分度圆直径必须与工作蜗杆的分度圆直径相同。为了限制蜗轮滚刀的数目，国家标准中规定将蜗杆的分度圆直径标准化，且与其模数相匹配。d_1 与 m 匹配的标准系列见表 10.9。

表 10.9　蜗杆分度圆直径与其模数匹配的标准系列　　　　　　　（单位：mm）

m	d_1	m	d_1	m	d_1	m	d_1
1	18		(22.4)		40	6.3	(80)
1.25	20	2.5	28	4	(50)		112
	22.4		(35.5)		71		(63)
1.6	20		45		(40)	8	80
	28		(28)	5	50		(100)
2	(18)	3.15	35.5		(63)		140
	22.4		(45)		90		(71)
	(28)		56		(50)	10	90
	35.5	4	(31.5)	6.3	63		⋮

注：摘自 GB/T 10085—2018，括号中的数字尽可能不采用。

5. 蜗轮蜗杆传动的中心距

$$a = r_1 + r_2 \tag{10.48}$$

第 11 章 齿轮系及其设计

11.1 齿轮系及其分类

由一系列齿轮所组成的齿轮传动系统称为齿轮系，简称轮系。根据轮系运转时各个齿轮的轴线相对于机架的位置是否固定，而将轮系分为 3 大类。

1. 定轴轮系

如果在轮系运转时，其各个齿轮的轴线相对于机架的位置都是固定的，这种轮系就称为定轴轮系，如图 11.1 所示。如果轮系中所有齿轮轴线相互平行，则称为平面定轴轮系，如图 11.1(a) 所示；若轮系中有齿轮轴线交错或相交，则称为空间定轴轮系，如图 11.1(b) 所示。

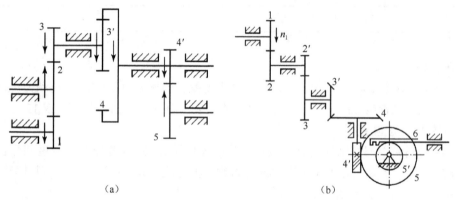

(a)   (b)

图 11.1 定轴轮系

2. 周转轮系

如果在轮系运转时，其中至少有一个齿轮轴线的位置并不固定，而是绕着其他齿轮的固定轴线回转，则这种轮系称为周转轮系，如图 11.2 所示。其中，齿轮 1 和内齿轮 3 都围绕着固定轴线 OO 回转，称为太阳轮。齿轮 2 用回转副与构件 H 相连，它一方面绕着自己的轴线 O_1O_1 自转，另一方面随着 H 一起绕着固定轴线 OO 公转，就像行星的运动一样，故称为行星轮。构件 H 称为行星架、转臂或系杆。在周转轮系中，一般都以太阳轮和行星架作为输入和输出构件，故又称它们为周转轮系的基本构件。基本构件都围绕着同一固定轴线回转。

周转轮系还可根据其自由度作进一步的划分。若自由度为 2(图 11.2(a))，则称为差动轮系；若自由度为 1(图 11.2(b)，其中轮 3 为固定轮)，则称为行星轮系。

此外，周转轮系还常根据不同的基本构件来加以分类。若轮系中的太阳轮以 K 表示，行星架以 H 表示，则图 11.2 所示轮系称为 2K-H 型周转轮系；图 11.3 所示轮系称为 3K 型周转轮系，其基本构件是 3 个太阳轮 1、3、4，而行星架 H 不作输入、输出构件用。

3. 复合轮系

在实际机械中所用的轮系往往既包含定轴轮系部分，又包含周转轮系部分(图 11.4)，或者是由几部分周转轮系组成的(图 11.5)，这种轮系称为复合轮系。

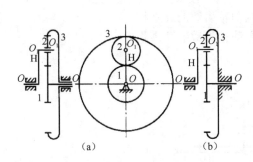

图 11.2　周转轮系

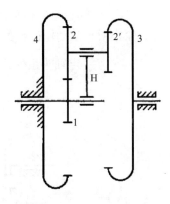

图 11.3　3K 型周转轮系

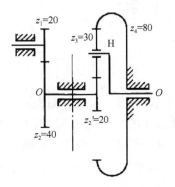

图 11.4　复合轮系(一)

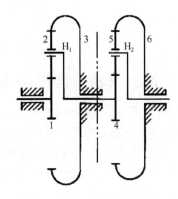

图 11.5　复合轮系(二)

11.2　定轴轮系的传动比

轮系的传动比是指轮系中首、末两构件的角速度之比。轮系的传动比包括传动比和首、末构件的转向关系两方面内容。

11.2.1　传动比的计算

现以图 11.6 所示定轴轮系为例来介绍定轴轮系传动比的计算方法。该轮系由齿轮对 1、2，2、3，3′、4 和 4′、5 组成，若轮 1 为首轮，轮 5 为末轮，则此轮系的传动比为 $i_{15} = \omega_1 / \omega_5$。轮系中各对啮合齿轮的传动比为

$$i_{j,j+1} = \omega_j / \omega_{j+1} = z_{j+1} / z_j$$

由图 11.6 可见，主动轮 1 到从动轮 5 之间的传动是通过上述各对齿轮的依次传动来实现的。因此，为了求得轮系的传动比 i_{15}，可将上列各对齿轮的传动比连乘起来，得

$$i_{12}i_{23}i_{3'4}i_{4'5} = \frac{\omega_1}{\omega_2}\frac{\omega_2}{\omega_3}\frac{\omega_3}{\omega_4}\frac{\omega_4}{\omega_5} = \frac{\omega_1}{\omega_5}$$

即

$$i_{15} = \frac{\omega_1}{\omega_5} = i_{12}i_{23}i_{3'4}i_{4'5} = \frac{z_2 z_3 z_4 z_5}{z_1 z_2 z_{3'} z_{4'}} \tag{11.1}$$

式(11.1)说明，定轴轮系的传动比等于组成该轮系的各对啮合齿轮传动比的连乘积，也等于各对啮合齿轮中所有从动轮齿数的连乘积与所有主动轮齿数的连乘积之比，即

$$定轴轮系的传动比=\frac{所有从动轮齿数的连乘积}{所有主动轮齿数的连乘积} \tag{11.2}$$

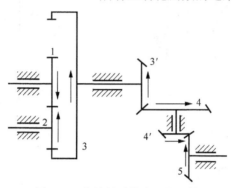

图 11.6　定轴轮系传动比的计算

11.2.2　首、末构件转向关系的确定

在上述轮系中，设首轮 1 的转向已知，并如图 11.6 中箭头所示(箭头方向表示齿轮可见侧的圆周速度的方向)，则首、末两轮的转向关系可用标注箭头的方法来确定。因为一对啮合传动的圆柱或圆锥齿轮在其啮合节点处的圆周速度是相同的，所以标志两者转向的箭头不是同时指向节点，就是同时背离节点。根据此法则，在用箭头标出轮 1 的转向后，其余各轮的转向便可依次用箭头标出。由图可见，该轮系首、末两轮的转向相反。

当首、末两轮的轴线彼此平行时，两轮的转向不是相同就是相反；当两者的转向相同时，规定其传动比为"+"，反之为"-"。故图示轮系的传动比为

$$i_{15} = \frac{\omega_1}{\omega_5} = -\frac{z_3 z_4 z_5}{z_1 z_{3'} z_{4'}}$$

但必须指出，若首、末两轮的轴线不平行，其间的转向关系则只能在图上用箭头来表示。

在图 11.6 所示轮系中，轮 2 对轮 1 为从动轮，但对轮 3 又为主动轮，故其齿数并不影响传动比，而仅起着中间过渡和改变从动轮转向的作用，故称为过轮或中介轮。

11.3　周转轮系的传动比

周转轮系和定轴轮系之间的根本差别在于周转轮系中有转动的行星架，故其传动比不能直接用定轴轮系传动比的求法来计算。但是，根据相对运动原理，若给整个周转轮系加上一个公共角速度$-\omega_H$使之绕行星架的固定轴线回转，各构件之间的相对运动仍将保持不变，而行星架的角速度变为$\omega_H - \omega_H = 0$，即行星架"静止不动"了。于是，周转轮系转化成了定轴轮系。这种转化所得的假想的定轴轮系称为原周转轮系的转化轮系或转化机构。

因转化轮系为定轴轮系，其传动比可按定轴轮系来计算。通过它可得出周转轮系中各构件之间角速度的关系，进而求得周转轮系的传动比。现以图 11.7 为例具体说明如下。

由图 11.7 可见，当如上述对整个周转轮系加上一个公共角速度$-\omega_H$以后，其各构件的角速度的变化如表 11.1 所示。

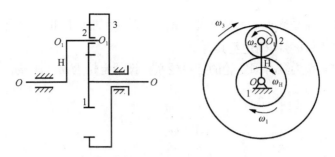

图 11.7　周转轮系的转化

表 11.1　转化前后轮系构件角速度的关系

构件	原有角速度	在转化轮系中的角速度(即相对于行星架的角速度)
齿轮 1	ω_1	$\omega_1^H = \omega_1 - \omega_H$
齿轮 2	ω_2	$\omega_2^H = \omega_2 - \omega_H$
齿轮 3	ω_3	$\omega_3^H = \omega_3 - \omega_H$
机架 4	$\omega_4 = 0$	$\omega_4^H = \omega_4 - \omega_H = -\omega_H$
行星架 H	ω_H	$\omega_H^H = \omega_H - \omega_H = 0$

由表 11.1 可见，由于 $\omega_H^H = 0$，所以该周转轮系已转化为图 11.8 所示的定轴轮系(即该周转轮系的转化轮系)。3 个齿轮相对于行星架 H 的角速度 ω_1^H、ω_2^H、ω_3^H 即它们在转化轮系中的角速度。于是转化轮系的传动比 i_{13}^H 为

$$i_{13}^H = \frac{\omega_1^H}{\omega_3^H} = \frac{\omega_1 - \omega_H}{\omega_3 - \omega_H} = -\frac{z_2 z_3}{z_1 z_2} = -\frac{z_3}{z_1}$$

式中，齿数比前的"−"号表示在转化轮系中轮 1 与轮 3 的转向相反(即 ω_1^H 与 ω_3^H 的方向相反)。

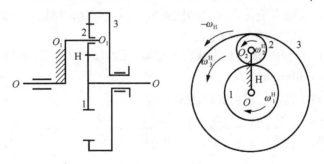

图 11.8　转化轮系

上式包含周转轮系中各基本构件的角速度和各轮齿数之间的关系，在齿轮齿数已知时，若 ω_1、ω_3 及 ω_H 中有两者已知(包括大小和方向)，就可求得第三者(包括大小和方向)。根据上述原理，不难得出计算周转轮系传动比的一般关系式。设周转轮系中的两个太阳轮分别为 m 和 n，行星架为 H，则其转化轮系的传动比 i_{mn}^H 可表示为

$$i_{13}^H = \frac{\omega_1^H}{\omega_3^H} = \frac{\omega_1 - \omega_H}{\omega_3 - \omega_H}$$

$$= \pm \frac{\text{在转化轮系中由} m \text{至} n \text{各从动轮齿数的乘积}}{\text{在转化轮系中由} m \text{至} n \text{各主动轮齿数的乘积}} \tag{11.3a}$$

对于已知的周转轮系来说，其转化轮系的传动比 i_{mn}^{H} 的大小和"±"号均可定出。在这里要特别注意式中的"±"号的确定及其含义。

如果所研究的轮系为具有固定轮的行星轮系，设固定轮为 n，即 $\omega_n = 0$，则式(11.3a)可改写为

$$i_{mn}^{\mathrm{H}} = \frac{\omega_m - \omega_{\mathrm{H}}}{0 - \omega_{\mathrm{H}}} = -i_{m\mathrm{H}} + 1$$

即

$$i_{m\mathrm{H}} = 1 - i_{mn}^{\mathrm{H}} \tag{11.3b}$$

为加深理解，现举例说明如下。

【例 11.1】　在图 11.9 所示的周转轮系中，已知 $z_1 = 100$，$z_2 = 101$，$z_{2'} = 100$，$z_3 = 99$，试求传动比 i_{H1}。

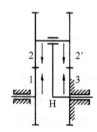

解： 在图示的轮系中，由于轮 3 为固定轮($n_3 = 0$)，故该轮系为行星轮系，其传动比的计算可根据式(11.3b)求得

$$i_{1\mathrm{H}} = 1 - i_{13}^{\mathrm{H}} = 1 - \frac{z_2 z_3}{z_1 z_{2'}} = 1 - \frac{101 \times 99}{100 \times 100} = \frac{1}{10000}$$

故

$$i_{\mathrm{H1}} = \frac{1}{i_{1\mathrm{H}}} = 10000$$

图 11.9　行星轮系　即当行星架转 10000 转时，轮 1 才转 1 转，其转向相同。本例说明，行星轮系可以用少数几个齿轮获取很大的传动比，这是定轴轮系无法实现的。

若将 z_3 由 99 改为 100，可得 $i_{\mathrm{H1}} = -100$；

若将 z_2 由 101 改为 100，可得 $i_{\mathrm{H1}} = 100$。

从本例可知，齿数略有变化，其传动比就发生巨大变化，同时，从动轮转向也发生了改变，这也是行星轮系和定轴轮系的不同之处。

【例 11.2】　图 11.10 为由锥齿轮组成的差速器，已知 $z_1 = 48$，$z_2 = 42$，$z_{2'} = 18$，$z_3 = 21$，$n_1 = 100\mathrm{r/min}$，$n_3 = -80\mathrm{r/min}$，求 n_{H}。

解： 该轮系为差动轮系，根据式(11.3a)，有

$$i_{13}^{\mathrm{H}} = \frac{n_1 - n_{\mathrm{H}}}{n_3 - n_{\mathrm{H}}} = \frac{100 - n_{\mathrm{H}}}{-80 - n_{\mathrm{H}}} = -\frac{z_2 z_3}{z_1 z_{2'}} = -\frac{42 \times 21}{48 \times 18} = -\frac{49}{48}$$

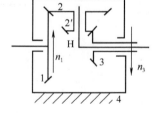

即

$$n_{\mathrm{H}} = \frac{880}{97} \approx 9.1\mathrm{r/min}$$

图 11.10　差速器

式中，n_{H} 为正值，表明该周转轮系中的行星架 H 与轮 1 的转向相同。

11.4　复合轮系的传动比

如前所述，在复合轮系中或者既包含定轴轮系部分又包含周转轮系部分或者包含几部分周转轮系。对这样的复合轮系，其传动比的正确计算方法是将其所包含的各部分周转轮系和定轴轮系一一加以分开，并分别列出其传动比计算式，再联立求解。

在计算复合轮系的传动比时，首要的问题是正确地将轮系中的各组成部分加以划分，正确划分的关键是要把其中的周转轮系部分找出来。周转轮系的特点是具有行星轮和行星架，故先要找到轮系中的行星轮和行星架(注意，行星架往往可能由轮系中具有其他功用的构件所兼任)。每一行星架，连同行星架上的行星轮和与行星轮相啮合的太阳轮就组成一个基本周转轮系。在一个复合轮系中可能包含几个基本周转轮系(一般每一个行星架就对应一个基本周转轮系)，当将这些周转轮系一一找出之后，剩下的便是定轴轮系部分了。

【例 11.3】 图 11.11(a)为一电动卷扬机的减速器运动简图，已知各轮齿数，试求其传动比 i_{15}。

解： 首先，将该轮系中的周转轮系分出来，它由双联行星轮 2-2′、行星架 5(它同时又是鼓轮和内齿轮)及两个太阳轮 1、3 组成(图 11.11(b))，这是一个差动轮系，由式(11.3a)得

$$\omega_1 = (\omega_1 - \omega_5)z_2 z_3 / (z_1 z_{2'}) + \omega_5$$

然后，将定轴轮系部分分出来，它由齿轮 3′、4、5 组成(图 11.11(c))，故得

$$i_{3'5} = \omega_{3'} / \omega_5 = \omega_3 / \omega_5 = -z_5 / z_{3'}$$

或

$$\omega_3 = -\omega_5 z_5 / z_{3'}$$

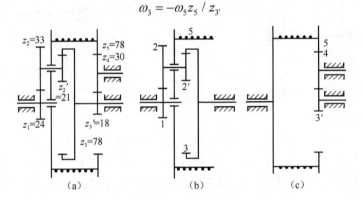

图 11.11　电动卷扬机减速器

联立求解两式，得

$$i_{15} = \frac{z_2 z_3}{z_1 z_{2'}} \left(1 + \frac{z_5}{z_{3'}}\right) + 1 = \frac{33 \times 78}{24 \times 21} \times \left(1 + \frac{78}{18}\right) + 1 = 28.24$$

在图 11.11(a)所示的轮系中，其差动轮系部分(图 11.11(b))的两个基本构件 3 及 5 被定轴轮系部分(图 11.11(c))封闭起来了，从而使差动轮系部分的两个基本构件 3 及 5 之间保持一定的速比关系，而整个轮系变成了自由度为 1 的一种特殊的行星轮系，称为封闭式行星轮系。

11.5　轮系的功用

在各种机械中轮系的应用十分广泛，其功用大致可以归纳为以下几个方面。

1. 实现分路传动

利用轮系可以使一个主动轴带动若干个从动轴同时旋转，以带动各个部件或附件同时工作。

2. 获得较大的传动比

一对齿轮的传动比是有限的，当需要大的传动比时应采用轮系来实现，特别是采用周转轮系，可用很少的齿轮、紧凑的结构，得到很大的传动比，例 11.1 即为一例。

3. 实现变速传动

在主动轴转速不变的条件下，利用轮系可使从动轴得到若干种转速，这种传动称为变速传动。在图 11.12 所示的轮系中，齿轮 1、2 为一整体，用导向键与轴 II 相连，可在轴 II 上滑动，当分别使齿轮 1 与 1′ 或齿轮 2 与 2′ 啮合时，可得两种速比。

图 11.13 为一简单的二级行星轮系变速器，分别固定太阳轮 3 或 6 可得到两种传动比。这种变速器虽较复杂，但可在运动中变速，便于自动变速，有过载保护作用，在小轿车、工程机械等中应用较多。

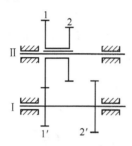

图 11.12 变速器

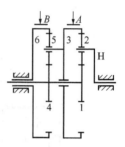

图 11.13 二级行星轮系变速器

4. 实现换向传动

在主动轴转向不变的条件下，利用轮系可改变从动轴的转向。

图 11.14 为车床上走刀丝杠的三星轮换向机构，其中构件 a 可绕轮 4 的轴线回转。在图 11.14(a) 所示位置时，从动轮 4 与主动轮 1 的转向相反；当转动构件 a 使其处于图 11.14(b) 所示位置时，因轮 2 不参与传动，轮 4 与轮 1 的转向相同。

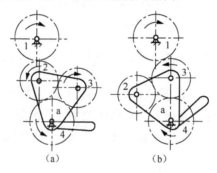

图 11.14 三星轮换向机构

5. 用作运动的合成

因差动轮系有两个自由度，故可独立输入两个主动运动，输出运动即此两运动的合成。如图 11.10 所示的差动轮系，因 $z_1=z_3$，故

$$i_{13}^{H} = (n_1 - n_H)/(n_3 - n_H) = -z_3/z_1 = -1$$

或

$$n_H = (n_1 + n_3)/2$$

上式说明，行星架的转速是轮 1、3 转速的合成，故此种轮系可用作和差运算。差动轮系可做运动合成的这种性能在机床、模拟计算机、补偿调节装置等中得到了广泛的应用。

6. 用作运动的分解

差动轮系也可做运动的分解，即将一个主动运动按可变的比例分解为两个从动运动。现以汽车后桥上的差速器(图 11.15)为例来说明。其中，齿轮 5 由发动机驱动，齿轮 4 上固连着行星架 H，其上装有行星轮 2。齿轮 1、2、3 及行星架 H 组成一差动轮系。

在该差动轮系中，$z_1 = z_3$，$n_H = n_4$，根据式(11.3a)，有

$$(n_1 - n_4) / (n_3 - n_4) = -1 \tag{11.4a}$$

因该轮系有两个自由度，若仅由发动机输入一个运动，将无确定解。

当汽车以不同的状态行驶(直行、左右转弯)时，两后轮应以不同的速比转动。如果汽车要左转弯，汽车的两前轮在转向机构(图 11.16)的作用下，其轴线与汽车两后轮的轴线汇交于 P 点，这时整个汽车可看作绕着 P 点回转。在车轮与地面不打滑的条件下，两后轮的转速应与弯道半径成正比，由图可得

$$n_1 / n_3 = (r - L) / (r + L) \tag{11.4b}$$

式中，r 为弯道平均半径；L 为后轮距之半。

联立求解式(11.14a)、式(11.14b)就可得两后轮的转速。

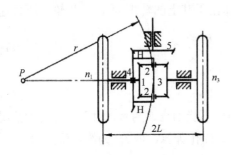

图 11.15 汽车后桥上的差速器

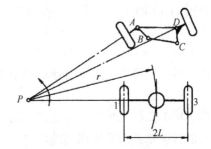

图 11.16 汽车转向机构

11.6 行星轮系的效率

在各种机械中由于广泛地采用着各种轮系，所以其效率对于这些机械的总效率就具有决定意义。在各种轮系中，定轴轮系效率的计算比较简单，按第 5 章所介绍的方法计算即可，下面只讨论行星轮系效率的计算问题，所用的方法为转化轮系法。

根据机械效率的定义，对于任何机械来说，如果其输入功率、输出功率和摩擦损失功率分别用 P_d、P_r 和 P_f 表示，则其效率为

$$\eta = P_r / (P_r + P_f) = 1 / (1 + P_f / P_r) \tag{11.5}$$

或

$$\eta = (P_d - P_f) / P_d = 1 - P_f / P_d \tag{11.6}$$

对于一个需要计算其效率的机械来说，P_d 和 P_r 中总有一个是已知的，所以只要能求出 P_f，就可计算出机械的效率 η。

机械中的摩擦损失功率主要取决于各运动副中的作用力、运动副元素间的摩擦因数和相对运动速度的大小。而行星轮系的转化轮系和原行星轮系的上述 3 个参量除因构件回转的离

心惯性力有所不同外，其余均不会改变。因而，行星轮系与其转化轮系中的摩擦损失功率 $P_{\mathrm{f}}^{\mathrm{H}}$（主要指轮齿啮合损失功率）应相等（即 $P_{\mathrm{f}} = P_{\mathrm{f}}^{\mathrm{H}}$）。下面以图 11.17 所示的 2K-H 型行星轮系为例来加以说明。

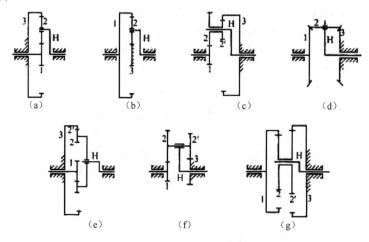

图 11.17 2K-H 型行星轮系

在图 11.17 所示的轮系中，设齿轮 1 为主动，作用于其上的转矩为 M_1，齿轮 1 所传递的功率为

$$P_1 = M_1 \omega_1 \tag{11.7}$$

而在转化轮系中轮 1 所传递的功率为

$$P_1^{\mathrm{H}} = M_1(\omega_1 - \omega_{\mathrm{H}}) = P_1(1 - i_{\mathrm{H1}}) \tag{11.8}$$

因齿轮 1 在转化轮系中可能为主动或从动，故 P_1^{H} 可能为正或为负，由于按这两种情况计算所得的转化轮系的摩擦损失功率 $P_{\mathrm{f}}^{\mathrm{H}}$ 相差不大[1]，为简化计算，取 $P_{\mathrm{f}}^{\mathrm{H}}$ 为绝对值，即

$$P_{\mathrm{f}}^{\mathrm{H}} = \left| P_1^{\mathrm{H}} \right| (1 - \eta_{1n}^{\mathrm{H}}) = \left| P_1(1 - i_{\mathrm{H1}}) \right| (1 - \eta_{1n}^{\mathrm{H}}) \tag{11.9}$$

式中，η_{1n}^{H} 为转化轮系的效率，即把行星轮系视作定轴轮系时由轮 1 到轮 n 的传动总效率。它等于由轮 1 到轮 n 各对啮合齿轮传动效率的连乘积。

若在原行星轮系中轮 1 为主动（或从动），则 P_1 为输入（输出）功率，由式(11.6)或式(11.5)可得行星轮系的效率分别为

$$\eta_{1\mathrm{H}} = (P_1 - P_{\mathrm{f}}) / P_1 = 1 - \left| 1 - 1 / i_{1\mathrm{H}} \right| (1 - \eta_{1n}^{\mathrm{H}})$$

$$\eta_{\mathrm{H1}} = \left| P_1 \right| / (\left| P_1 \right| + P_{\mathrm{f}}) = 1 / \left[1 + \left| 1 - i_{\mathrm{H1}} \right| (1 - \eta_{1n}^{\mathrm{H}}) \right]$$

由式(11.8)和式(11.9)可见，行星轮系的效率是其传动比的函数，其变化曲线如图 11.18 所示，图中设 $\eta_{1n}^{\mathrm{H}} = 0.95$。图中实线为 $\eta_{1\mathrm{H}}$-$i_{1\mathrm{H}}$ 线图，这时轮 1 为主动。由图中可以看出，当 $i_{1\mathrm{H}} \to 0$ 时（即增速比 $\left| 1/i_{1\mathrm{H}} \right|$ 足够大时），效率 $\eta_{1\mathrm{H}} \leqslant 0$，轮系将发生自锁。图中虚线为 η_{H1}-i_{H1} 线图，这时行星架 H 为主动。

图中所注的正号机构和负号机构分别指其转化轮系的传动比 i_{1n}^{H} 为正号或负号的周转轮系。由图中可以看出，2K-H 型行星轮系负号机构的啮合效率总是比较高的，且高于其转化轮系的效率 η_{1n}^{H}，故在动力传动中多采用负号机构。图 11.17(a)～(c)所示的轮系，$\eta = 0.97 \sim 0.99$；而图 11.17(d)所示轮系，$\eta = 0.95 \sim 0.96$。

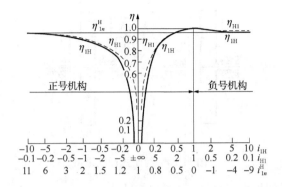

图 11.18　行星轮系效率曲线

11.7　行星轮系的类型选择及设计的基本知识

11.7.1　行星轮系的类型选择

　　行星轮系的类型很多，在相同的速比和载荷的条件下，采用不同的类型可以使轮系的外廓尺寸、重量和效率相差很多，因此在设计行星轮系时，应重视轮系类型的选择。

　　选择轮系的类型时，首先考虑能否满足传动比的要求。对于图 11.17 所示的行星轮系来说，图 11.17(a)～(d) 为 4 种形式的负号机构。它们实用的传动比范围分别如下：图 11.17(a)，$i_{1H}=2.8\sim13$；图 11.17(b)，$i_{1H}=1.14\sim1.56$；图 11.17(c)，$i_{1H}=8\sim16$；图 11.17(d)，$i_{1H}=2$。而图 11.17(e)～(g) 是 3 种正号机构，其传动比 i_{H1} 理论上可趋向无穷大。

　　由于负号机构的传动效率较高，当单级负号机构的传动比不能满足要求时，可将负号机构串联，或与定轴轮系串联(图 11.19)，必要时也可采用 3K 型周转轮系(图 11.3)。正号机构一般只用在对效率要求不高的辅助传动中，如磨床的进给机构、轧钢机的指示器等。

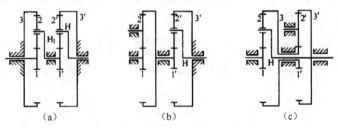

图 11.19　串联轮系

　　在选用封闭式行星轮系时，要特别注意轮系中的功率流动问题。如果其形式及有关参数选择不当，可能会形成一股只在轮系内部循环流动的功率流，即封闭功率流，其将增大摩擦损失功率，降低轮系强度，对传动不利。

　　图 11.20(a) 为一差动轮系，现用一轮系 k 将此差动轮系的 3 个基本构件 a、b、H 中的任两个联系起来，就成为一封闭式行星轮系，如图 11.20(b) 所示。在此封闭式行星轮系中，设 I 为输入轴，II 为输出轴，在不考虑摩擦时，力矩与传动比之间的关系为

$$M_{\mathrm{I}}\omega_{\mathrm{I}}+M_{\mathrm{II}}\omega_{\mathrm{II}}=0$$

即
$$M_{\mathrm{II}}=-M_{\mathrm{I}}i_{\mathrm{I,II}} \tag{11.10}$$

式中，M_{I}、M_{II} 分别为作用于轴 I、II 上的外力矩；$i_{\mathrm{I,II}}=\omega_{\mathrm{I}}/\omega_{\mathrm{II}}$ 为轮系的传动比。

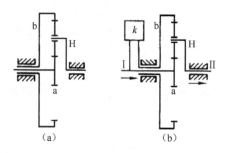

图 11.20　封闭式行星轮系

根据叠加原理，类似地可写为

$$M_{\mathrm{I}}^{a} = -M_{\mathrm{II}} / i_{\mathrm{I,II}}^{a}, \quad M_{\mathrm{I}}^{b} = -M_{\mathrm{II}} / i_{\mathrm{I,II}}^{b} \tag{11.11}$$

式中，$i_{\mathrm{I,II}}^{a}$ 为假定构件 a 不作用(即假设将构件 a 和封闭轮系 k 的联系断开，并将 a 固定起来)，运动由轴 I 经轮系 k 及周转轮系至轴 II 的传动比，简称 b 路传动比；$i_{\mathrm{I,II}}^{b}$ 为假定构件 b 不作用，运动由轴 I 经周转轮系至轴 II 的传动比，简称 a 路传动比；M_{I}^{a}，M_{I}^{b} 为假定构件 a 或 b 不作用时，作用于轴 I 上的外力矩。

将式(11.10)代入式(11.11)，可得

$$M_{\mathrm{I}}^{a} = M_{\mathrm{I}} i_{\mathrm{I,II}} / i_{\mathrm{I,II}}^{a}, \quad M_{\mathrm{I}}^{b} = M_{\mathrm{I}} i_{\mathrm{I,II}} / i_{\mathrm{I,II}}^{b} \tag{11.12}$$

所以两分支的功率分别为

$$P_{\mathrm{I}}^{a} = M_{\mathrm{I}}^{a} \omega_{\mathrm{I}} = M_{\mathrm{I}} \omega_{\mathrm{I}} i_{\mathrm{I,II}} / i_{\mathrm{I,II}}^{a} = P_{\mathrm{I}} i_{\mathrm{I,II}} / i_{\mathrm{I,II}}^{a} \tag{11.13}$$

$$P_{\mathrm{I}}^{b} = M_{\mathrm{I}}^{b} \omega_{\mathrm{I}} = M_{\mathrm{I}} \omega_{\mathrm{I}} i_{\mathrm{I,II}} / i_{\mathrm{I,II}}^{b} = P_{\mathrm{I}} i_{\mathrm{I,II}} / i_{\mathrm{I,II}}^{b} \tag{11.14}$$

而

$$P_{\mathrm{I}} = P_{\mathrm{I}}^{a} + P_{\mathrm{I}}^{b} \tag{11.15}$$

联立求解式(11.13)～式(11.15)，得

$$i_{\mathrm{I,II}} = i_{\mathrm{I,II}}^{a} i_{\mathrm{I,II}}^{b} / (i_{\mathrm{I,II}}^{a} + i_{\mathrm{I,II}}^{b}) \tag{11.16}$$

由式(11.16)可知：

(1)当 $i_{\mathrm{I,II}}^{a}$ 和 $i_{\mathrm{I,II}}^{b}$ 同号时，$i_{\mathrm{I,II}}$、$i_{\mathrm{I,II}}^{a}$、$i_{\mathrm{I,II}}^{b}$ 三者必同号，故 P_{I}、P_{I}^{a}、P_{I}^{b} 也同号，此时功率 P_{I} 由轴 I 输入，分为两支传至轴 II，如图 11.21(a)所示，轮系中没有封闭功率流。

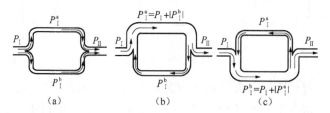

图 11.21　功率流

(2)当 $i_{\mathrm{I,II}}^{a}$ 和 $i_{\mathrm{I,II}}^{b}$ 异号，且 $|i_{\mathrm{I,II}}^{a}| < |i_{\mathrm{I,II}}^{b}|$ 时，$i_{\mathrm{I,II}}$ 与 $i_{\mathrm{I,II}}^{a}$ 同号而与 $i_{\mathrm{I,II}}^{b}$ 异号，此时 P_{I} 与 P_{I}^{a} 同号，而与 P_{I}^{b} 异号。由式(11.15)得

$$P_{\mathrm{I}} = P_{\mathrm{I}}^{a} - \left| P_{\mathrm{I}}^{b} \right|$$

即

$$P_{\mathrm{I}}^{a} = P_{\mathrm{I}} + \left| P_{\mathrm{I}}^{b} \right|$$

其功率流如图 11.21(b)所示。由图可见，P_{I}^{b} 为封闭功率流。

(3) 当 $i_{1,II}^a$ 和 $i_{1,II}^b$ 异号，且 $|i_{1,II}^a| > |i_{1,II}^b|$ 时，根据与上相同的分析，可知 P_1^a 为封闭功率流，如图 11.21(c) 所示。

11.7.2　行星轮系中各轮齿数的确定

在行星轮系中，各轮齿数的选配需满足下述 4 个条件。现以图 11.17(a) 所示的行星轮系为例加以说明。

1. 尽可能近似地实现给定的传动比

因 $i_{1H} = 1 + z_3 / z_1$，故

$$z_3 / z_1 = i_{1H} - 1 \tag{11.17}$$

2. 满足同心条件

要使行星轮系能正常运转，其基本构件的回转轴线必须在同一直线上，此即同心条件。为此，对图 11.17(a) 所示的轮系来说，必须满足：

$$r_3' = r_1' + 2r_2' \tag{11.18}$$

当采用标准齿轮传动或等变位齿轮传动时，式(11.18)变为

$$z_3 = z_1 + 2z_2 \tag{11.19}$$

3. 满足均布条件

为使各行星轮能均布地装配，行星轮的个数与各轮齿数之间必须满足一定的关系，否则将会因行星轮与太阳轮轮齿的干涉而不能装配(图 11.22(a))。下面就来分析这个问题。

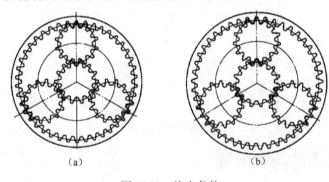

(a)　　　　　　　　　　　(b)

图 11.22　均布条件

如图 11.23 所示，设需均布 k 个行星轮，相邻两行星轮之间相隔 $\varphi = 360° / k$。设先装入第一个行星轮于 O_2，为了在相隔 φ 处装入第二个行星轮，可以设想把太阳轮 3 固定起来，而转动太阳轮 1，使第一个行星轮的位置由 O_2 转到 O_2' 并使 $\angle O_2 O O_2' = \varphi$。这时，太阳轮 1 上的 A 点转到 A' 位置，转过的角度为 θ。根据其传动比公式，φ 与 θ 的关系为

$$\theta / \varphi = \omega_1 / \omega_H = i_{1H} = 1 + z_3 / z_1$$

故得

$$\theta = (1 + z_3 / z_1)\varphi = (1 + z_3 / z_1)360° / k \tag{11.20}$$

如果这时太阳轮 1 恰好转过 N 个齿，即

$$\theta = N360° / z_1 \tag{11.21}$$

式中，N 为整数；$360° / z_1$ 为太阳轮 1 的齿距角。这时，轮 1 与轮 3 的齿的相对位置又回复到与装第一个行星轮时一模一样，故在原来装第一个行星轮的位置 O_2 处，一定能装入第二个行星轮。同样的过程，可以装入第 $3, 4, \cdots, k$ 个行星轮。

将式(11.21)代入式(11.20)，得

$$(z_1 + z_3) / k = N \tag{11.22}$$

由式(11.22)可知，要满足均布安装条件，两个太阳轮的齿数和(z_1+z_3)应能被行星轮个数 k 整除。在图 11.22(a)中，因 $z_1 = 14$、$z_3 = 42$、$k = 3$、$(z_1+z_3)/k = 18.67$，不满足均布装配条件，故轮齿干涉而不能装配。在图 11.22(b)中，$z_1 = 15$、$z_3 = 45$、$k = 3$、$(z_1+z_3)/k = 20$，故能顺利装配。

4. 满足邻接条件

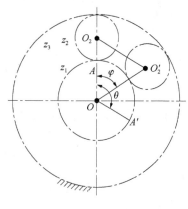

图 11.23 邻接条件

在图 11.23 中，O_2、O_2' 为相邻两行星轮的中心位置，为了保证相邻两行星轮不致互相碰撞，需使中心距 $\overline{O_2'O_2'}$ 大于两轮齿顶圆半径之和，即 $\overline{O_2'O_2'} > d_{a2}$（$d_{a2}$ 为行星轮齿顶圆半径之和）。

对于标准齿轮传动，有

$$(z_1 + z_2)\sin(180° / k) > z_2 + 2h_a^* \tag{11.23}$$

对于图 11.17(c)所示的双排行星轮系，经过类似推导，可得相应的关系式(对标准齿轮传动)如下。

(1)传动比条件。

$$z_2 z_3 / (z_1 z_{2'}) = i_{1H} - 1 \tag{11.24}$$

(2)同心条件(设各齿轮的模数相同)。

$$z_3 = z_1 + z_2 + z_{2'} \tag{11.25}$$

(3)均布条件。

设 N 为整数，则

$$(z_1 z_{2'} + z_2 z_3) / z_{2'} k = N \tag{11.26}$$

(4)邻接条件。

假设 $z_2 > z_{2'}$，则

$$(z_1 + z_2)\sin(180° / k) > z_2 + 2h_a^* \tag{11.27}$$

11.7.3 行星轮系的均载装置

行星轮系的特点之一是可采用多个行星轮来分担载荷。但实际上，由于制造和装配误差，往往会出现各行星轮受力极不均匀的现象。为了缓解载荷分配不均现象，常把行星轮系中的某些构件做成可以浮动的，这些浮动的构件可减轻载荷分配不均现象，此即均载装置。均载装置的类型很多，有使太阳轮浮动的，有使行星轮浮动的，有使行星架浮动的，也有使几个构件同时浮动的。图 11.24 为采用弹性元件而使太阳轮或行星轮浮动的均载装置。

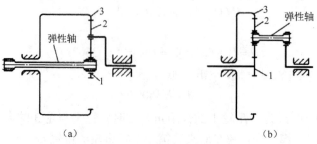

图 11.24 均载装置

第12章 其他常用机构

前述的连杆机构、凸轮机构、齿轮机构广泛应用于各种机械中，用以传递运动和动力。此外，为满足高效生产以及多种多样工艺规范的要求，在很多情况下要求机器中的执行机构或辅助机构做周期性的间歇运动，以进行加工、换位分度、进给、换向、供料、计数、检测等工艺操作。在自动机械和各种生产线上常用到棘轮机构、槽轮机构、星轮机构、不完全齿轮机构等，这些机构统称为间歇运动机构。间歇运动机构是指将主动件的连续运动转换为从动件间歇式运动的机构。同时，由连杆机构、凸轮机构、齿轮机构同类机构之间或不同类机构之间组合在一起，或与间歇机构及其他机构组合在一起，形成的种类繁多、性能各异的组合机构也应用得越来越多，最常见的如齿轮连杆机构、凸轮连杆机构、凸轮齿轮机构等。本章将对间歇机构与其他常用机构的组成和运动特点等进行介绍。

12.1 棘 轮 机 构

棘轮机构的典型结构形式如图 12.1 所示，它是由摇杆 1、棘爪 2、棘轮 3、止动爪 4 和弹簧 5 等组成的。弹簧 5 用来使止动爪 4 和棘轮 3 保持接触。同样，可在摇杆 1 与棘爪 2 之间设置弹簧。棘轮 3 固装在传动轴上，而摇杆 1 则空套在传动轴上。当摇杆 1 逆时针摆动时，棘爪 2 推动棘轮 3 转过某一角度。当摇杆 1 顺时针转动时，止动爪 4 阻止棘轮 3 顺时针转动，棘爪 2 在棘轮 3 的齿背上滑过，棘轮静止不动。故当摇杆连续往复摆动时，棘轮便得到单向的间歇运动。

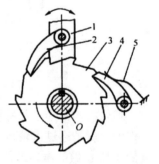

图 12.1 棘轮机构

棘轮机构的结构简单、制造方便、运动可靠；而且棘轮轴每次转过的角度可以在较大的范围内调节，这些都是它的优点。其缺点是工作时有较大的冲击和噪声，而且运动精度较差。因此，棘轮机构常用于速度较低和载荷不大的场合。

棘轮上的齿大多做在棘轮的外缘上，构成外接棘轮机构(图 12.1)；若做在内缘上，则构成内接棘轮机构(图 12.2)。

上述两种棘轮机构均用于单向间歇传动。当工作需要棘轮做不同转向的间歇运动时，可如图 12.3 所示，把棘轮的齿制成矩形，而棘爪制成可翻转的。如此，当棘爪处在图示位置 B 时，棘轮可获得逆时针单向间歇运动；而当把棘爪绕其轴销 A 翻转到虚线所示位置 B' 时，棘轮即可获得顺时针单向间歇运动。若要摇杆来回摆动时都能使棘轮向同一方向转动，则可采用图 12.4 所示的双动式棘轮机构，此种机构的棘爪可制成钩头的(图 12.4(a))或直推的(图 12.4(b))。

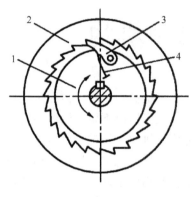

图 12.2 内接棘轮机构

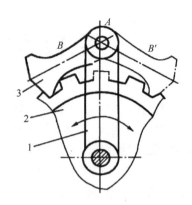

图 12.3 双向棘轮机构

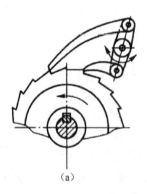

（a）

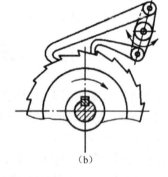

（b）

图 12.4 双动式棘轮机构

棘轮机构常用于各种设备中，以实现进给、转位或分度的功能。图 12.5 所示的牛头刨床工作台，就是通过齿轮传动 1、2，曲柄摇杆机构 2、3、4，棘轮机构 4、5、7 来使与棘轮固连的丝杠 6 做间歇转动，从而使牛头刨床工作台实现横向间歇进给。若要改变工作台的横向进给，可改变曲柄长度。当棘爪 7 处在图示状态时，棘轮 5 沿逆时针方向做间歇进给。若将棘爪 7 拔出绕本身轴线转 180° 后再放下，由于棘爪工作面的改变，棘轮将改为沿顺时针方向间歇进给。

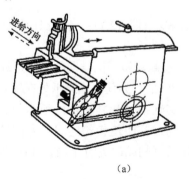

（a）

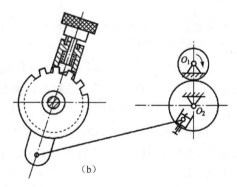

（b）

图 12.5 牛头刨床工作台横向进给机构

为改变棘轮每次转过角度，还可采用图 12.6 所示的方法，在棘轮外加装一个棘轮罩 4，用以遮盖摇杆摆角范围内的一部分棘齿。这样，当摇杆逆时针摆动时，棘爪先在棘轮罩上滑动，然后才嵌入棘轮的齿间来推动棘轮转动。被遮住的齿越多，棘轮每次转过的角度就越小。

　　除了上述齿啮式棘轮机构外，还有摩擦式棘轮机构，如图 12.7 所示。其中，图 12.7(a) 为外接式，图 12.7(b) 是内接式。通过凸块 2 与从动轮 3 间的摩擦力推动从动轮间歇转动，它克服了齿啮式棘轮机构冲击噪声大、棘轮每次转过角度不能无级调节的缺点，但其运动准确性较差。图 12.8 所示的单向离合器就可看作内接摩擦式棘轮机构。它由套筒 1、星轮 3、弹簧顶杆 2 等组成。若星轮 3 为主动件，当其逆时针回转时，滚柱借摩擦力而滚向楔形空隙的小端，并将套筒楔紧，使其随星轮一同回转；而当星轮顺时针回转时，滚柱被滚到空隙的大端，将套筒松开，这时套筒静止不动。此种机构可用作单向离合器和超越离合器。单向离合器是说当主动件向某一方向转动时，主、从动件结合；而当主动件向另一方向转动时，主、从动件分离。超越离合器是说当主动星轮 3 逆时针转动时，如果套筒 1 逆时针转动的速度更高，两者便自动分离，套筒 1 可以较高的速度自由转动。

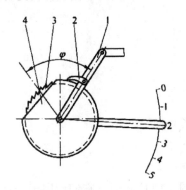

图 12.6　棘轮转角的调节

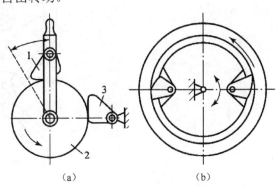

图 12.7　摩擦式棘轮机构

　　棘轮机构除常用于实现间歇运动外，还能实现超越运动。图 12.9 为自行车后轮轴上的棘轮机构。当脚蹬踏板时，经链轮 1 和链条 2 带动内圈具有棘齿的链轮 3 顺时针转动，再通过棘爪 4 的作用，使后轮轴 5 顺时针转动，从而驱使自行车前进。自行车前进时，如果令踏板不动，因惯性作用后轮轴 5 便会超越链轮 3 而转动，棘爪 4 在棘轮齿背上滑过，从而实现不蹬踏板的自由滑行。

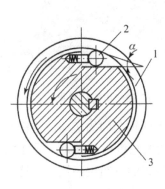

图 12.8　单向离合器

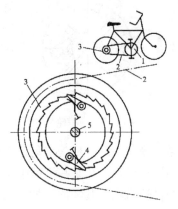

图 12.9　超越式棘轮机构

12.2　槽 轮 机 构

槽轮机构的典型结构如图 12.10 所示，它由主动拨盘 1、从动槽轮 2 和机架组成。拨盘 1 以等角速度 ω_1 做连续回转，当拨盘上的圆销 A 未进入槽轮的径向槽时，由于槽轮的内凹锁止弧 $\overgroup{nn}$ 被拨盘 1 的外凸锁止弧 $\overgroup{mm'm}$ 卡住，故槽轮不动。图示为圆销 A 刚进入槽轮径向槽时的位置，此时锁止弧 $\overgroup{nn}$ 也刚被松开。此后，槽轮受圆销 A 的驱使而转动。当圆销 A 在另一边离开径向槽时，锁止弧 $\overgroup{nn}$ 又被卡住，槽轮又静止不动。直至圆销 A 再次进入槽轮的另一个径向槽时，又重复上述运动。因此，槽轮做时动时停的间歇运动。

槽轮机构的结构简单，外形尺寸小，机械效率高，并能较平稳地、间歇地进行转位，但因传动时尚存在柔性冲击，故常用于速度不太高的场合。

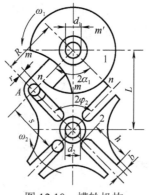

图 12.10　槽轮机构

槽轮机构有外槽轮机构(图 12.10)和内槽轮机构(图 12.11)之分。它们均用于平行轴间的间歇传动，但前者槽轮与拨盘转向相反，而后者则转向相同。外槽轮机构应用比较广泛。图 12.12 为外槽轮机构在电影放映机的拨片机构中的应用情况；而图 12.13 则为外槽轮机构在单轴六角自动车床转塔刀架的转位机构中的应用情况。

图 12.11　内槽轮机构

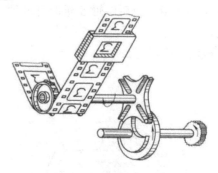

图 12.12　电影放映机的拨片机构

通常，槽轮上的各槽是均匀分布的，并且用于传递平行轴之间的运动，这样的槽轮机构称为普通槽轮机构。在某些机械中还用到一些特殊形式的槽轮机构。例如，图 12.14 所示的不等臂长槽轮机构，其径向槽的径向尺寸不同，拨盘上圆销的分布也不均匀。这样，在槽轮转一周中，可以满足几个运动时间和停歇时间均不相同的运动要求。

当需要在两相交轴之间进行间歇传动时，可采用球面槽轮机构。图 12.15 为两相交轴间夹角为 90° 的球面槽轮机构。其从动槽轮 2 呈半球形，主动拨轮 1 的轴线及拨销 3 的轴线均通过球心。该机构的工作过程与平面槽轮机构相似。主动拨轮上的拨销通常只有一个，槽轮的运动时间和停歇时间相等。如果在主动拨轮上对称地安装两个拨销，则当一侧的拨销由槽轮的槽中脱出时，另一拨销进入槽轮的另一相邻的槽中，故槽轮连续转动。

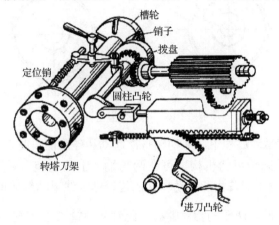

图 12.13　转塔刀架的转位机构

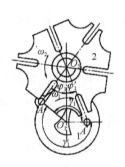

图 12.14　不等臂长槽轮机构

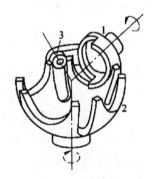

图 12.15　球面槽轮机构

12.3　不完全齿轮机构

不完全齿轮机构是由齿轮机构演变而得的一种间歇运动机构，如图 12.16 所示。这种机构的主动轮 1 上只做出一个齿或几个齿，并根据运动时间和停歇时间的要求，在从动轮 2 上做出与主动轮 1 轮齿相啮合的轮齿。当主动轮 1 连续转动时，从动轮 2 做间歇转动。在从动轮 2 停歇期间，两轮轮缘各有锁止弧 α 和 β 起定位作用，以防止从动轮游动，保证停歇在预定位置。在图 12.16(a) 所示的不完全齿轮机构中，主动轮 1 上只有 1 个齿，从动轮 2 上有 8 个齿，当主动轮 1 转 1 转时，从动轮 2 只转 1/8 转。在图 12.16(b) 所示的不完全齿轮机构中，主动轮 1 上有 4 个齿，从动轮 2 上有 4 个有齿段 (即运动段)，各有 4 个齿，还有 4 个圆弧段 (即停歇段)。主动轮 1 转 1 转，从动轮 2 转 1/4 转。

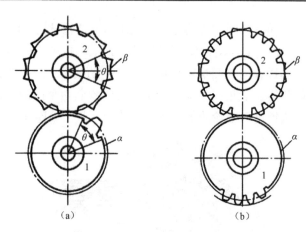

图 12.16　不完全齿轮机构

不完全齿轮机构在运动过程中，从动轮每次起动和停止的瞬时，都会产生刚性冲击。因此，对于转速较高的不完全齿轮机构，可在两轮端面上分别装上瞬心线附加杆 K、L。如图 12.17 所示，当主动轮 1 的首齿和从动轮 2 的齿在啮合线上啮合之前，瞬心线附加杆 K、L 先行接触，接触点 P' 即此时两轮的相对瞬心，此时从动轮 2 的角速度为 $\omega_2' = \omega_1 \dfrac{\overline{O_1P'}}{\overline{O_2P'}}$。随着两轮的转动，瞬心线附加杆 K、L 的接触点 P' 逐渐远离 O_1 并向 O_2 靠近，从动轮 2 的角速度逐渐增加。当点 P' 与两轮的节点 P 重合时，从动轮 2 的角速度达到正常值，为 $\omega_2 = \omega_1 \dfrac{\overline{O_1P}}{\overline{O_2P}}$，这时两轮已在啮合线上啮合，瞬心线附加杆 K、L 就脱离接触。当主动轮 1 的末齿在啮合线上脱离啮合时，又借助另一附加杆(图 12.17 中未画出)，使从动轮 2 从正常角速度 ω_2 逐渐减至零。这样，在整个运动周期内，借助瞬心线附加杆 K、L 的接触就可使从动轮的角速度变化平稳，以减小冲击。不完全齿轮机构在从动轮开始运动时的冲击一般都比终止运动时的冲击大，因此有时只在从动轮开始运动的前接触段安装瞬心线附加杆，图 12.17 所示的不完全齿轮机构即是如此。

不完全齿轮机构有图 12.16 所示的外啮合不完全齿轮机构与图 12.18 所示的内啮合不完全齿轮机构以及圆柱不完全齿轮机构和圆锥不完全齿轮机构之分。

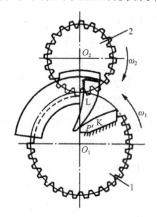

图 12.17　带瞬心线附加杆的不完全齿轮机构

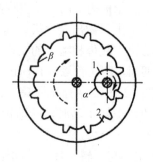

图 12.18　内啮合不完全齿轮机构

不完全齿轮机构多用于一些有特殊运动要求的专用机械中，图 12.19 为用于铣削乒乓球拍周缘的专用靠模铣床中的不完全齿轮机构。加工时，主动轴 1 带动铣刀轴 2 转动。而另一个主动轴 3 上的不完全齿轮 4 与 5 分别使装有工件的轴得到正、反两个方向的回转。当工件轴转动时，在靠模凸轮 7 和弹簧的作用下，铣刀轴上的滚轮 8 紧靠在靠模凸轮 7 上，以保证加工出工件 6(乒乓球拍)的周缘。不完全齿轮机构在多工位的自动机中也常被用作工作台的间歇转位和间歇进给机构。

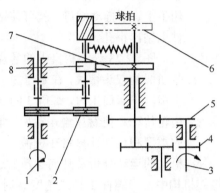

图 12.19　专用靠模铣床中的不完全齿轮机构

不完全齿轮机构在电表、煤气表等的计数器中应用也很广。图 12.20 为 6 位计数器，轮 1 为输入轮，它的左端只有 2 个齿，各中间轮 2 和轮 4 的右端均有 20 个齿，左端也只有 2 个齿 (轮 4 左端无齿)，各轮之间通过过轮联系。故当轮 1 转 1 转时，其相邻右侧轮 2 只转过 1/10 转，以此类推，故从右到左读数窗口看到的读数分别代表个、十、百、千、万、十万。

需要注意的是，在不完全齿轮机构中，为了保证主动轮的首齿能顺利地进入啮合状态而不与从动轮的齿顶相碰，其首齿齿顶高应作适当的削减。同时，为了保证从动轮能停歇在预定位置，主动轮的末齿齿顶高也需要作适当的修正。

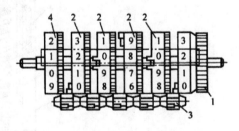

图 12.20　计数器

12.4　螺　旋　机　构

如图 12.21 所示，螺旋机构是利用螺旋副传递运动和动力的常用机构，它由螺杆 1、螺母 2 和机架 3 组成。螺旋机构通常将旋转运动转换成直线运动，但当螺杆的导程角大于当量摩擦角时，也可用来将直线运动转换为旋转运动。

螺旋机构结构简单、制造方便、运动准确、工作平稳、无噪声；可传递很大的轴向力；能获得很大的减速比或增速比；当螺杆的导程角小于当量摩擦角时，机构具有自锁性能，但其效率通常低于 50%。因此，螺旋机构常用于起重机、压力机以及功率不大的进给系统和微调装置中。

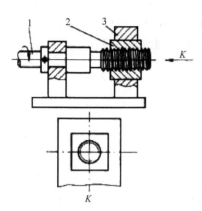

图 12.21　螺旋机构

螺旋机构导程角大于当量摩擦角时，它也可以将直线运动转换为旋转运动。在某些操纵机构、工具、玩具及武器等机构中就利用了螺旋机构的这一特性。图 12.22 所示的简易手动钻就是一例，图中 2 为具有大导程角的螺旋，1 为螺母，用手上、下推动螺母，就可使钻头 3 左、右旋转，从而在工件上钻出小孔。

图 12.23 为照相机中的卷片装置，其中螺杆 2 为用金属带扭成的双头螺纹，在螺母 3 上有与之配合的长方孔。当用手指压下套筒 1 时，螺母 3 向下运动迫使螺杆 2 回转，通过齿轮传动 6 使卷片盒 4 卷片。弹簧 5 使机构复位。关于螺旋的类型和设计计算将在机械设计课程中论述，下面仅对螺旋机构的运动分析及几何参数的选择问题加以简要介绍。

在图 12.21 所示的简单螺旋机构中，当螺杆 1 转过角度 φ 时，螺母 2 将沿螺杆的轴向移动一段距离 s（单位：mm），其值为

$$s=l\varphi/(2\pi)$$

式中，l 为螺旋的导程，mm。

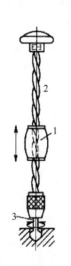

图 12.22　简易手动钻

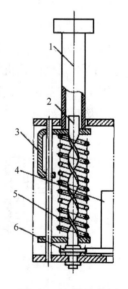

图 12.23　卷片装置

图 12.24 为双螺旋副机构，此时 A、B 均为螺旋副，两段的导程分别为 l_A、l_B。螺旋 A 中的螺杆 1 在固定的螺母 3 中转动，螺旋 B 中的螺杆 1 在不转动但做轴向移动的螺母 2 中转动。双螺旋副机构有下列两种情况。

1）复式螺旋机构

图 12.24 中，若两段螺旋 A、B 的旋向相反，螺母 2 可快速移动，这种螺旋机构称为复式螺旋机构。当螺杆 1 转过 φ 时，螺母 2 产生的位移 s 为

$$s=(l_A - l_B)\varphi / (2\pi)$$

复式螺旋机构可使被连接的两构件快速地移近或分离。

2) 微(差)动螺旋机构

在图 12.24 中，若两段螺旋 A、B 的旋向相同，且 l_A、l_B 相差很小，螺母 2 的位移就很小，这种螺旋机构称为微(差)动螺旋机构。当螺杆 1 转过 φ 时，螺母 2 产生的位移 s 为

$$s=(l_A + l_B)\varphi / (2\pi)$$

微(差)动螺旋机构常用于测微计、调节机构及分度机构中。

图 12.24 为用于夹紧装置中的复式螺旋机构，当转动螺杆 1 时，便可以使左旋螺母 2、右旋螺母 3 向相反的方向移动，同时带动左右两个夹爪 4 各绕支点 A、B 摆动，可迅速夹紧或放松工件。

图 12.25 为用于调节镗刀进给量的微动螺旋机构。镗刀 3 与外套 2 组成移动副 C，螺杆 1 与外套 2 组成螺旋副 A，螺杆 1 与镗刀 3 组成螺旋副 B，且螺旋副 A、B 的旋向相同而导程相差很小，当转动调整螺杆 1 时，可微量调整镗刀 3 在外套 2 内的进刀量。

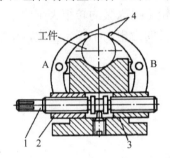

图 12.24　用于夹紧装置中的复式螺旋机构

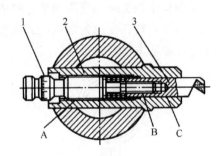

图 12.25　用于调节镗刀进给量的微动螺旋机构

对螺旋机构的要求是各式各样的，有的要求其具有自锁性(如起重螺旋)，有的则要求其具有大的减速比(如机床的进给丝杠)，这时宜选用小导程角的单头螺纹，前者可用普通滑动丝杠，后者若希望有高的机械效率，则可用滚珠丝杠或静压丝杠。滚珠丝杠副(图 12.26)由丝杠、螺母和滚珠组成。滚珠位于丝杠和螺母的螺旋槽之间，变一般丝杠和螺母之间的滑动摩擦为滚动摩擦，因而工作中摩擦阻力小、灵敏度高、起动时无颤动、低速时无爬行现象，目前在数控机床及各种机械设备中已获得广泛应用。

当要求螺旋机构传递大的功率(如螺旋压力机)或快速运动时，宜选用大导程角的多头螺旋，但要注意，多头螺旋一般较难保证高的制造精度。

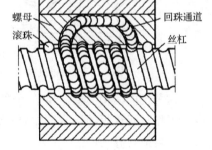

图 12.26　滚珠丝杠副

12.5　擒　纵　机　构

擒纵机构是一种间歇运动机构，主要用于计时器、定时器等中。图 12.27 为机械手表中的擒纵机构，它由擒纵轮 5、擒纵叉 2 及游丝摆轮 6 组成。擒纵轮 5 受发条力矩的驱动，具有顺时针转动的趋势，但因受到擒纵叉的左卡瓦 1 的阻挡而停止。游丝摆轮 6 以一定的频率

绕轴 8 往复摆动，图示为游丝摆轮 6 逆时针摆动。当游丝摆轮上的圆销 4 撞到叉头钉 7 时，擒纵叉顺时针摆动，直至碰到右限位钉 3 才停止；这时，左卡瓦 1 抬起，释放擒纵轮 5 使之顺时针转动。而右卡瓦 1′ 落下，并与擒纵轮另一轮齿接触时，擒纵轮又被挡住而停止。当游丝摆轮沿顺时针方向摆回时，圆销 4 又从右边推动叉头钉 7，使擒纵叉逆时针摆动，右卡瓦 1′ 抬起，擒纵轮 5 被释放并转过一个角度，直到再次被左卡瓦挡住。这样就完成了一个工作周期。这就是钟表产生嘀嗒声响的原因。

摆轮的往复摆动是因为游丝摆轮系统是一个振动系统。为了补充其在运动过程中的能量损失，擒纵轮轮齿齿顶和卡瓦呈斜面形状，故可通过擒纵叉传递给摆轮少许能量，以维持其振幅不衰减。

擒纵机构可分为有固有振动系统型擒纵机构和无固有振动系统型擒纵机构两类。

图 12.27 为有固有振动系统型擒纵机构，常用于机械手表、钟表中。图 12.28 为无固有振动系统型擒纵机构，仅由擒纵轮 3 和擒纵叉 4 组成。擒纵轮在驱动力矩作用下保持顺时针方向转动趋势。擒纵轮倾斜的轮齿交替地与卡瓦 1 和 2 接触，使擒纵叉往复振动。擒纵叉往复振动的周期与擒纵叉转动惯量的平方根成正比，与擒纵轮给擒纵叉的转矩大小的平方根成反比，因擒纵叉的转动惯量为常数，故只要擒纵轮给擒纵叉的力矩大小基本稳定，就能使擒纵轮做平均转速基本恒定的间歇运动。

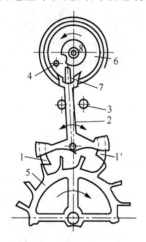

图 12.27 擒纵机构

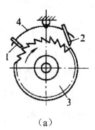

（a） （b）

图 12.28 无固有振动系统型擒纵机构

这种机构结构简单，便于制造，价格低，但振动周期不稳定，主要用于计时精度要求不高、工作时间较短的场合，如自动记录仪、时间继电器、计数器、定时器、测速器及照相机快门和自拍器等。

12.6 凸轮间歇运动机构

凸轮间歇运动机构由主动凸轮 1 和从动盘 2 组成（图 12.29、图 12.30），主动凸轮做连续转动，从动盘做间歇分度运动。只要满足设计出主动凸轮的轮廓，就可使从动盘的动载荷小，无刚性冲击和柔性冲击，能满足高速运转的要求。同时，它本身具有高的定位精度，机构结构紧凑，是当前被公认的一种较理想的高速高精度的分度机构，目前已有专业厂家从事系列化生产。其缺点是加工精度要求高，对装配、调整要求严格。

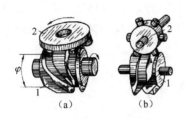

图 12.29 凸轮间歇运动机构

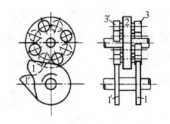

图 12.30 共轭凸轮间歇运动机构

1,1′—主动凸轮；2—从动盘；3,3′—滚子

凸轮间歇运动机构的类型如下。

1. 圆柱凸轮间歇运动机构

图 12.31(a)为圆柱凸轮间歇运动机构。这种机构用于两相错轴间的分度传动。图 12.31(a)为其仰视图，图 12.31(b)为其展开图。为了实现可靠定位，在停歇阶段从动盘上相邻两个柱销必须同时贴在凸轮直线轮廓的两侧。为此，凸轮轮廓上直线段的宽度应等于相邻两柱销表面内侧之间的最短距离，即

$$b=2R_2\sin\alpha-d$$

式中，R_2 为从动盘上柱销中心圆半径；α 为销距半角，即 $\alpha=\pi/z_2$；z_2 为从动盘的柱销数；d 为柱销直径。

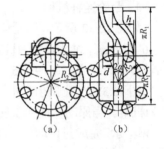

图 12.31 圆柱凸轮间歇运动机构

凸轮曲线的升程 h 等于从动盘上相邻两柱销间的弦距 l，即

$$h=l=2R_2\sin\alpha$$

凸轮曲线的设计可按摆动推杆圆柱凸轮设计方法进行。设计时，通常取凸轮的槽数为 1，从动盘的柱销数一般取 $z_2\geqslant6$。

这种机构在轻载的情况(如在纸烟、火柴包装，拉链嵌齿等机械中)下，间歇运动的频率可高达 1500 次/min 左右。

2. 蜗杆凸轮间歇运动机构

图 12.29 为一蜗杆凸轮间歇运动机构，其主动凸轮 1 为圆弧面蜗杆式凸轮，从动盘 2 为具有周向均布柱销的圆盘。当主动凸轮 1 转动时，推动从动盘做间歇转动。设计时，蜗杆凸轮通常也采用单头，从动盘上的柱销数一般也取为 $z_2\geqslant6$。

从动盘上的柱销可采用窄系列的球轴承，并用调整中心距的办法来消除滚子表面和凸轮轮廓之间的间隙，以提高传动精度。

这种机构可在高速下承受较大的载荷，在要求高速、高精度的分度转位机械(如高速冲床、多色印刷机、包装机等)中，其应用日益广泛。它能实现 1200 次/min 左右的间歇动作，而分度精度可达 30″。

3. 共轭凸轮间歇运动机构

如图 12.30 所示，共轭凸轮间歇运动机构由装在主动轴上的一对共轭凸轮 1 及 1′和装在从动轴上的从动盘 2 组成，在从动盘的两端面上各均匀分布有滚子 3 和 3′。两个共轭凸轮分别与从动盘两侧的滚子接触，在一个运动周期中，两共轭凸轮相继推动从动盘转动，并保持

机构的几何封闭。这种机构具有较好的动力特性、较高的分度精度(15"～30")及较低的加工成本，因而在自动分度机构、机床的换刀机构、机械手的工作机构、X 光医疗诊断台等中得到了广泛应用。

12.7　组 合 机 构

由两个或多个基本机构组合在一起，就成为组合机构。组合机构可发挥各种基本机构的特点，从而满足多种多样的要求。

组合机构的种类繁多、性能各异，这里仅介绍常见的几种形式。

1. 凸轮连杆机构

如图 12.32 所示，凸轮连杆机构是压砖成型机中采用的机构，1 为曲柄，2、3、4 为连杆，5、6 为上、下冲头，7 为机架，8 为滚子，9 为槽凸轮，10 为耐火砖工件。当原动件曲柄 1 回转一周时，上、下冲头 5、6 可实现"冲压""静止""复位"等顺序动作。

图 12.33 为用于封罐机上的凸轮连杆机构，1 为曲柄，2 为连杆，3 为滚子，4 为凸轮槽，5 为机架。当原动件曲柄 1 转动时，凸轮槽 4 限定了滚子 B 点的轨迹，从而控制 C 点沿图中虚线运动，完成封口动作。改变 B 点的轨迹形状尺寸，可实现为不同筒形罐头封口的目的。

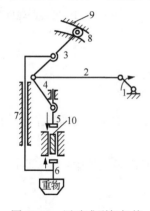

图 12.32　压砖成型机机构

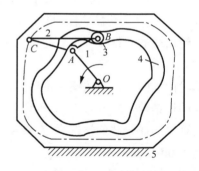

图 12.33　封罐机机构

2. 齿轮连杆机构

图 12.34 为一种轧钢机上采用的齿轮连杆机构，1、2、3 为齿轮，4 为轧辊，5 为送料辊。齿轮系运动时，连杆上 F 点的轨迹类似一椭圆，以此来调节轧辊的开口度，以便适应不同尺寸的钢坯顺利咬入轧辊中，提高轧制质量。

3. 联动凸轮机构

图 12.35 为两凸轮机构组合而成的联动凸轮机构，1、2 为凸轮，3、4 为滚子，5、6 为推杆，7、8 为滑块，9 为机架。由两个凸轮机构分别控制 E 点 x、y 方向的运动规律，实现其合成后 E 点的 R 形轨迹。这种机构多用在自动机和自动机床中。

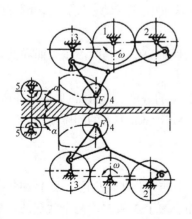

图 12.34　轧钢机齿轮连杆机构

图 12.36 为圆珠笔芯装配线上的自动送进机构中所采用的联动凸轮机构，1 为端面凸轮，2 为盘形凸轮，3 为平底从动件(托架)，4 为弹簧，5 为来料托架，6 为笔芯，7 为推杆，8 为滚子，9 为机架。适当地设计盘形凸轮 2 和端面凸轮 1 就可控制平底从动件 3 及其所带托架上下及左右运动，其合成运动实现了构件沿轨迹 K 运动，从而步进式地送入笔芯。

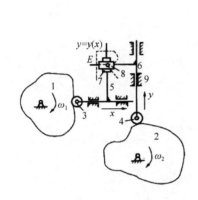

图 12.35 联动凸轮机构

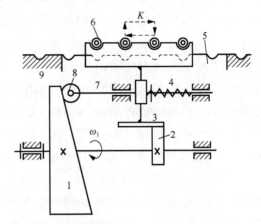

图 12.36 笔芯装配线机构

参 考 文 献

安子军, 2015. 机械原理[M]. 3 版. 北京: 国防工业出版社.

陈红, 贺俊林, 2015. 机械原理[M]. 2 版. 北京: 中国农业出版社.

丁洪生, 荣辉, 2016. 机械原理[M]. 北京: 北京理工大学出版社.

李华敏, 李瑰贤, 2007. 齿轮机构设计与应用[M]. 北京: 机械工业出版社.

潘毓学, 2015. 机械原理[M]. 武汉: 华中科技大学出版社.

申永胜, 2007. 机械原理教程[M]. 2 版. 北京: 清华大学出版社.

孙恒, 陈作模, 葛文杰, 2006. 机械原理[M]. 7 版. 北京: 高等教育出版社.

武丽梅, 回丽, 2015. 机械原理[M]. 北京. 北京理工大学出版社.

徐漫琳, 李立成, 武时会, 2016. 机械原理[M]. 重庆: 重庆大学出版社.

赵自强, 张春林, 2015. 机械原理[M]. 2 版. 北京: 机械工业出版社.

郑树琴, 2016. 机械原理[M]. 北京: 国防工业出版社.